mentalidades **matemáticas** na sala de aula

B662m Boaler, Jo.
Mentalidades matemáticas na sala de aula: ensino fundamental / Jo Boaler, Jen Munson, Cathy Williams ; tradução: Sandra Maria Mallmann da Rosa ; revisão técnica: Bárbara Barbosa Born, Maitê Nanni Fracassi, Ilza Carla Morgueto Sousa. – Porto Alegre : Penso, 2018.
xii, 220 p. : il. color. ; 25 cm.

ISBN 978-85-8429-128-1

1. Matemática. 2. Ensino fundamental. 4. Educação matemática. I. Munson, Jen. II. Williams, Cathy. III. Título.

CDU 51:37

Catalogação na publicação: Karin Lorien Menoncin – CRB 10/2147

JO BOALER
JEN MUNSON
CATHY WILLIAMS

mentalidades **matemáticas** na sala de aula

ensino fundamental

Tradução
Sandra Maria Mallmann da Rosa

Revisão técnica
Bárbara Barbosa Born
Mestre em Educação Internacional Comparada pela Stanford Graduate School of Education e em Educação pela Universidade de São Paulo
Consultora do Instituto Sidarta

Maitê Nanni Fracassi
Licenciada em Matemática pela Universidade de São Paulo
Membro do Corpo Técnico do Instituto Sidarta

Ilza Carla Morgueto Sousa
Licenciada em Matemática pela Fundação Santo André

2018

Obra originalmente publicada sob o título *Mindset Mathematics: Visualizing and Investigating Big Ideas, Grade 4.*
ISBN 9781119358800 / 1119358809

Gerente editorial:
Letícia Bispo de Lima

Colaboraram nesta edição:

Editora:
Paola Araújo de Oliveira

Capa:
Paola Manica

Leitura final:
Josiane Santos Tibursky

Editoração:
Kaéle Finalizando Ideias

PENSO EDITORA LTDA., uma empresa do GRUPO A EDUCAÇÃO S.A.
Av. Jerônimo de Ornelas, 670 – Santana
90040-340 Porto Alegre RS
Fone: (51) 3027-7000 – Fax: (51) 3027-7070

SÃO PAULO
Rua Doutor Cesário Mota Jr., 63 – Vila Buarque
01221-020 – São Paulo – SP
Fone: (11) 3221-9033

SAC 0800 703-3444 – www.grupoa.com.br

IMPRESSO NO BRASIL
PRINTED IN BRAZIL

As autoras

Jo Boaler é professora de educação matemática na Universidade de Stanford e fundadora do YouCubed. É autora do primeiro MOOC (aula *on-line* aberta e massiva) de ensino e aprendizagem de matemática. Suas funções anteriores incluem Professora Marie Curie de Educação Matemática na Inglaterra, professora de matemática em escolas secundárias de Londres e conferencista e pesquisadora no King's College, em Londres. Seu trabalho foi publicado no *Times*, no *Telegraph*, no *Wall Street Journal* e em muitas outras agências de notícias. A BBC recentemente a nomeou como uma das oito educadoras que "estão mudando a cara da educação".

Jen Munson é aluna de doutorado na Universidade de Stanford e formadora de professores. Sua pesquisa de doutorado foca em como o *coaching* pode apoiar os professores no desenvolvimento de suas práticas educativas em matemática, particularmente nos anos iniciais do ensino fundamental, e como as interações entre professor e aluno influenciam a aprendizagem equitativa da matemática. Como formadora de professores, concentra-se no aumento da capacidade de docentes e líderes para produzir salas de aula de matemática enriquecedoras, responsivas e equitativas. Antes de deixar as salas de aula para ser *coach*, lecionou em escolas elementares e de ensino médio em Washington D.C., Chicago e na região de Seattle.

Cathy Williams é cofundadora e diretora do YouCubed. Concluiu especialização em matemática aplicada na Universidade da Califórnia e foi professora de matemática no ensino médio por 18 anos no distrito de San Diego. Depois de lecionar, ela se tornou coordenadora no Departamento de Educação e depois diretora de matemática no distrito. Como parte de seu trabalho de liderança, planejou a formação continuada de professores e currículo. Seu trabalho no Vista Unified School District foi premiado com o *California Golden Bell* para instrução em 2013, na categoria K-12 Innovation Cohort (turma inovadora na educação básica, em tradução livre) em matemática. Em Vista, trabalhou com Jo Boaler, mudando a forma como a matemática era ensinada no distrito.

Para todos aqueles professores que seguem uma mentalidade matemática conosco.

Agradecimentos

Gostaríamos de agradecer a Jill Marsal, nossa agente literária, e a Kate Bradford, nossa editora, duas mulheres incríveis que apoiaram nosso trabalho com elegância e paciência. Também somos muito gratas aos professores que aplicaram as tarefas para nós – Haley Harrier, da escola elementar Barron Park, e Megan Jensen e Pegi Hover, da Valley Life Charter School. Também agradecemos a Shelah Feldstein e Staci Hatcher por ajudarem a coordenar os ensaios. Nossa gratidão a Robin Anderson, que desenhou o diagrama em rede estampado em nossa capa, e Melissa Kemmerle, que nos auxiliou desde o início do projeto. Finalmente, gostaríamos de agradecer a nossos filhos e cães – por tolerarem nossa ausência da vida familiar enquanto trabalhávamos para dar vida à nossa visão das tarefas de mentalidade matemática.

Apresentação à edição brasileira

Fundado em 1998, o Instituto Sidarta tem como missão promover uma educação de qualidade para todos, contribuindo com políticas públicas educacionais brasileiras por meio de pesquisa, publicações e formação de professores de educação básica.

Em 2017, o Instituto, em parceria com a Penso Editora, trouxe para o Brasil o livro *Mentalidades matemáticas: estimulando o potencial dos estudantes por meio da matemática criativa, das mensagens inspiradoras e do ensino inovador*, da professora Jo Boaler, da Universidade de Stanford. Nos últimos anos, ela tem revolucionado os estudos na área de matemática, e seu último livro está na lista dos *best-sellers* nos Estados Unidos, estando presente também em mais de 15 países.

Mentalidades matemáticas na sala de aula é o primeiro livro de uma série prática para aplicação de conteúdo em turmas dos anos iniciais do ensino fundamental. Jo Boaler, Jen Munson e Cathy Williams retomam os conceitos de uma matemática aberta, criativa e visual e compartilham mais um estudo da neurociência aplicada à área. Quando uma pessoa faz atividades relacionadas à matemática, das cinco áreas ativadas no cérebro, duas são do campo visual. Ou seja, quando a matemática é utilizada sem um recurso visual, apenas 60% da capacidade cerebral total é utilizada para esses novos aprendizados. Com essa proposta de trazer elementos visuais para o ensino da matemática, as autoras apresentam uma visão disruptiva do processo de aprendizagem.

Este livro oferece aos professores propostas à luz dessa nova concepção de educação matemática, organizadas em torno de ideias fundamentais do campo. Nessa abordagem, o foco do trabalho está no exercício da construção de conceitos matemáticos.

Pensar matematicamente significa explicar o como e o porquê da escolha do método e usar o raciocínio lógico para criar e conectar novas ideias. Enquanto os cientistas buscam evidências para provar suas hipóteses, os matemáticos provam seu trabalho por meio do raciocínio lógico.

Por meio de propostas realmente desafiadoras e instigantes, este livro proporciona os elementos básicos para garantir um conhecimento profundo, e os professores encontrarão aqui formas de desenvolver o pensamento matemático e a construção da lógica de seus alunos.

Mentalidades matemáticas na sala de aula é uma obra essencial para todos aqueles que acreditam, assim como nós, que todos podem aprender matemática em altos níveis.

Instituto Sidarta

Sumário

INTRODUÇÃO

Ainda me lembro do momento em que foi concebido o YouCubed, o centro em Stanford que dirijo. Eu estava nas conferências do NCSM e NCTM* de Denver em 2013, e havia combinado de me encontrar com Cathy Williams, diretora de matemática da Departamento de Educação do Distrito de Vista.** Cathy e eu tínhamos trabalhado juntas no ano anterior melhorando o ensino da matemática em seu distrito. Havíamos testemunhado mudanças incríveis tomando forma, e um documentarista filmou parte do trabalho. Recentemente, eu havia lançado meu curso *on-line* para professores denominado "Como Aprender Matemática" e estava sobrecarregada com as solicitações de dezenas de milhares de professores para que eu lhes fornecesse mais informações sobre as mesmas ideias. Cathy e eu decidimos criar um *website* e usá-lo para continuar compartilhando as ideias que havíamos utilizado em seu distrito e que eu havia compartilhado em minha aula *on-line*. Logo depois que começamos a compartilhar ideias no *website* YouCubed,*** fomos convidadas para formar um centro na universidade de Stanford, e Cathy se tornou codiretora do centro comigo.

Nos meses que se seguiram, com a ajuda de uma de minhas alunas da graduação, Montse Cordero, foi lançada nossa primeira versão do youcubed.org. Em janeiro de 2015, havíamos conseguido angariar fundos e contratar engenheiros de programação, e lançamos uma versão revisada que se aproxima do *site* que você conhece hoje. Ficamos muito entusiasmadas com o fato de que, no primeiro mês daquele relançamento, tivemos 5 mil visitas. No momento em que escrevemos isto, nosso *site* está recebendo 3 milhões de visitas por mês. Os professores estão entusiasmados para conhecer as novas pesquisas e se apropriar das ferramentas, dos vídeos e das atividades que traduzem tais ideias de pesquisas em práticas e utilizá-las em seu ensino.

TAREFAS DE PISO BAIXO, TETO ALTO

Um dos artigos mais populares em nosso *site* intitula-se "Fluência sem medo". Escrevi esse artigo com Cathy quando ouvi de muitos professores que estavam sendo obrigados a aplicar provas cronometradas nos anos iniciais do ensino fundamental. Ao mesmo tempo, estava emergindo uma nova neurociência, mostrando que, quando as pessoas se sentem estressadas – como ocorre com os alunos quando se deparam com uma prova cronometrada –, parte dos seus cérebros, a memória de trabalho, é restringida. A memória de trabalho é exatamente a área do cérebro que é mobilizada quando os alunos precisam calcular fatos matemáticos, e esta é exatamente a área que é blo-

*N. de R. T.: NCSM é a sigla para *Network, Communicate, Support, and Motivate* (Estabelecimento de redes, comunicação, apoio e motivação, em tradução livre), uma associação de lideranças na área de matemática. O NCTM é o National Council of Teachers of Mathematics (Conselho Nacional de Professores de Matemática) dos Estados Unidos.

**N. de R. T.: Nos Estados Unidos, a educação básica está a cargo dos Departamentos de Educação Distritais (School Districts), que são organizações locais (geralmente no nível da municipalidade) responsáveis por escolas da educação infantil até o ensino médio. Todos os Departamentos de Educação respondem ao governo estadual.

***N. de R. T.: Cursos de matemática para professores, pais e alunos a partir das perspectivas abordadas neste livro.

queada quando eles estão tensos. Atualmente temos evidências que sugerem fortemente que as provas de matemática cronometradas no começo da escolarização são responsáveis pelo início precoce de ansiedade matemática para muitos estudantes. Leciono um curso para turmas de graduação em Stanford, e muitos dos alunos são traumatizados com a matemática. Quando lhes pergunto o que aconteceu, quase todos relembram, com uma clareza extraordinária, a época na qual recebiam provas com tempo limitado nos anos iniciais do ensino fundamental. Estamos muito satisfeitas em ver que atualmente "Fluência sem medo" tem sido usado em todo o território dos Estados Unidos para eliminar as provas cronometradas dos distritos escolares. Esse artigo já foi baixado milhares de vezes, sendo também utilizado em audiências em níveis estadual e nacional.

Uma das razões para o incrível sucesso desse trabalho é que ele não só compartilha noções da neurociência sobre os danos das provas cronometradas, como também oferece uma alternativa a elas: atividades que ensinam fatos matemáticos conceitualmente e por meio de tarefas que alunos e professores possam desfrutar. Uma das atividades – um jogo chamado Quanto Falta para 100 – tornou-se tão popular que milhares de professores tuitaram fotos dos seus alunos jogando. Foi tanta a atenção recebida no Twitter e em outras mídias que Stanford percebeu e decidiu escrever uma reportagem sobre os danos da velocidade para o aprendizado da matemática. Essa reportagem foi reproduzida por veículos de notícias no país, incluindo o *US News & World Report*, o que, em parte, é responsável pelo grande número de *downloads* e pelo grande impacto causado por esse trabalho. Os próprios professores provocaram essa pequena revolução ao espalharem notícias sobre as atividades e pesquisas.

Quanto Falta para 100 é apenas uma das muitas tarefas que temos no youcubed.org que são extremamente populares entre professores e alunos. Todas as nossas tarefas têm a característica de ser de "piso baixo e teto alto", o que considero uma qualidade extremamente importante para engajar todos os alunos de uma turma. Se você estiver ensinando apenas um aluno, uma tarefa de matemática poderá ser bastante limitada em termos do seu conteúdo e dificuldade. Mas sempre que você tiver um grupo de alunos, haverá diferenças em suas necessidades e eles serão desafiados por diferentes ideias. Uma tarefa de piso baixo e teto alto é aquela na qual todos podem se envolver, independentemente do seu entendimento ou conhecimento prévio, mas também é suficientemente aberta, para que possa se expandir até níveis mais altos, de forma que todos os alunos possam ser profundamente desafiados. Nos últimos dois anos, lançamos em nosso *site* uma semana introdutória de aulas de matemática que são abertas, visuais e de piso baixo, teto alto. Essas aulas têm sido extremamente populares entre os professores; já foram feitos aproximadamente 4 milhões de *downloads* e elas são usadas em 20% das escolas em todos os Estados Unidos.

Em nosso extenso trabalho com professores em todo o território dos Estados Unidos, continuamente nos são solicitadas mais tarefas semelhantes àquelas encontradas em nosso *site*. A maioria dos editores de livros didáticos parece ignorar ou não ter conhecimento de pesquisas sobre a aprendizagem da matemática, e a maioria das questões nos livros didáticos é restrita e insuficientemente atrativa para os alunos. É imperativo que os novos conhecimentos sobre a forma como nosso cérebro aprende matemática sejam incorporados às lições que os alunos recebem em sala de aula. É por essa razão que optamos por escrever uma série de livros* que estão organizados em torno de um princípio de engajamento ativo do aluno, que refletem os conhecimentos mais recentes da ciência sobre aprendizagem e incluem atividades que são de piso baixo e teto alto.

---

*N. de R. T.: Ainda não publicados em língua portuguesa.

CURSO DE FÉRIAS DO YOUCUBED

Recentemente, trouxemos 81 estudantes para o *campus* de Stanford para um curso de férias de matemática do YouCubed, a fim de ensiná-los das formas que são apresentadas neste livro. Utilizamos tarefas de matemática abertas, criativas e visuais. Depois de apenas 18 aulas conosco, os alunos melhoraram seu desempenho nos resultados do teste em 50% em média, o equivalente a 1,6 ano escolar. Ainda mais importante, eles mudaram sua relação com a matemática e começaram a acreditar em seu próprio potencial. Isso ocorreu em parte porque conversamos sobre a neurociência, mostrando que:

- não existe o que se chama de uma "pessoa matemática" – qualquer um pode aprender matemática até altos níveis;
- erro, esforço e desafio são essenciais para o desenvolvimento do cérebro;
- velocidade não é importante em matemática;
- a matemática é uma disciplina visual e bonita, e nossos cérebros querem pensar visualmente sobre ela.

Todas essas mensagens foram essenciais para a mudança da relação dos alunos com a matemática, mas igualmente essenciais foram as tarefas nas quais trabalhamos em aula. As tarefas e as mensagens sobre o cérebro se complementaram perfeitamente, uma vez que dissemos aos alunos que eles podiam aprender qualquer coisa e lhes mostramos uma matemática aberta, criativa e atraente. Essa abordagem os ajudou a ver que podem aprender matemática, e realmente aprendem. Este livro compartilha os tipos de tarefas que utilizamos em nosso curso de férias, que constituem nossa semana de matemática inspiracional (WIM – *week of inspirational mathematics*) e que postamos em nosso *site*.

Antes de descrever e apresentar as diferentes seções do livro e como estamos escolhendo engajar os alunos, compartilharei algumas ideias importantes sobre como os alunos aprendem matemática.

MEMORIZAÇÃO *VERSUS* ENGAJAMENTO CONCEITUAL

Muitos estudantes têm uma ideia extremamente errada sobre a matemática. Ao longo de anos de aulas de matemática, muitos estudantes passam a acreditar que seu papel na aprendizagem dessa disciplina é memorizar métodos e fatos, e que o sucesso na matemática provém da memorização. Eu afirmo que esta é exatamente a ideia errada porque, na verdade, há muito pouco a ser lembrado em matemática. Essa disciplina é composta de poucas ideias fundamentais interligadas, e os alunos que são bem-sucedidos em matemática são aqueles que veem o assunto como um conjunto de ideias sobre as quais eles precisam pensar profundamente. Os testes do Programa Internacional de Avaliação do Estudante (PISA) são avaliações internacionais de matemática, leitura e ciência que são aplicados a cada três anos. Em 2012, o PISA não somente avaliou o desempenho em matemática, como também coletou dados sobre como os estudantes se aproximam da disciplina. Trabalhei com a equipe do PISA em Paris na Organização para Cooperação e Desenvolvimento Econômico (OCDE), analisando como os estudantes abordam a matemática e sua relação com o desempenho. Dessa análise emergiu um resultado claro: há três abordagens distintas da matemática. Um grupo abordava tentando memorizar os métodos que havia encontrado; outro assumiu uma abordagem "relacional", associando os novos conceitos com os que já conhecia; e um terceiro assumiu uma abordagem de automonitoramento, pensando sobre o que conhecia e o que precisava conhecer.

Em todos os países, os memorizadores eram os estudantes com desempenho mais baixo, e todos os países com altos índices de memorizadores tinham baixo desempenho. Em nenhum dos países os memorizadores estavam no grupo de desempenho mais alto, e em alguns países de alto desempenho, como o Japão, os estudantes que combinavam automonitoramento e estratégias relacionais superaram os memorizadores no equivalente a mais de um ano de escolaridade. Mais detalhes sobre essa descoberta são apresentados no artigo do qual fui coautora com um analista do PISA para a seção "Mente" da revista *Scientific American*: www.scientificamerican.com/article/why-math-education-in-the-u-s-doesn-t-add-up.

A matemática é uma disciplina conceitual, e é importante que os alunos pensem lenta, profunda e conceitualmente acerca das ideias matemáticas, sem se apressarem em usar métodos que tentem memorizar. Uma razão pela qual os alunos precisam pensar conceitualmente tem a ver com as formas como o cérebro processa a matemática. Quando aprendemos novas ideias matemáticas, elas ocupam um grande espaço em nosso cérebro, pois esse órgão elabora onde elas encaixam e com o que se conectam. Mas, com o tempo, à medida em que avançamos em nosso entendimento, o conhecimento é comprimido no cérebro, ocupando um espaço muito pequeno. Para alunos de 1º ano, a ideia de adição ocupa um grande espaço em seus cérebros, já que eles refletem sobre como ela funciona e o que ela significa, mas, para os adultos, tal ideia está comprimida e ocupa um espaço pequeno. Quando adultos precisam somar 2 e 3, por exemplo, eles podem rápida e facilmente mobilizar o conhecimento comprimido. William Thurston (1990), um matemático que recebeu a Field's Medal – a mais alta honraria em matemática – explica a compressão da seguinte forma:

> A matemática é surpreendentemente compressível: você pode se esforçar por um longo tempo, passo a passo, para elaborar o mesmo processo ou ideia a partir de várias abordagens. Mas, depois que você realmente a compreende e tem a perspectiva mental para vê-la globalmente, em geral ocorre uma extraordinária compressão mental. Você pode arquivá-la, relembrá-la rápida e completamente quando precisar dela, e usá-la como simplesmente uma etapa em algum outro processo mental. O discernimento que acompanha essa compressão é uma das verdadeiras alegrias da matemática.

Você provavelmente concordará comigo que não são muitos os estudantes que pensam na matemática como uma "verdadeira alegria", e parte da razão para isso é que eles não estão comprimindo as ideias matemáticas em seu cérebro. Isso acontece porque o cérebro só comprime conceitos, não métodos. Portanto, se os alunos estão pensando que a matemática é um conjunto de métodos a serem memorizados, estão no caminho errado, e é essencial que mudemos isso. É muito importante que os alunos pensem profunda e conceitualmente sobre ideias. Fornecemos neste livro as atividades que possibilitarão que eles pensem assim, sendo um papel essencial do professor proporcionar tempo para que possam fazer isso.

PENSAMENTO, RACIOCÍNIO E CONVENCIMENTO MATEMÁTICO

Quando trabalhamos com nossos estudantes no curso do YouCubed, fornecemos a cada um deles diários para registrarem seu pensamento matemático. Sou uma grande fã do registro em um diário – para mim e para meus alunos. Para estudantes de matemática, isso ajuda a lhes mostrar que a matemática é uma disciplina para a qual devemos registrar ideias e imagens. Podemos usar as anotações no diário para encorajá-los a manter registros organizados, o que é outra parte importante da matemática, e ajudá-los a entender que o pensamento matemático pode ser um processo longo e lento. Os diários também proporcionam aos alunos um espaço livre – onde

Figura I.1

podem ser criativos, compartilhar ideias e se apropriar do seu trabalho. Não escrevíamos nos diários dos alunos, pois queríamos que eles os vissem como seu espaço próprio, não como algo em que os professores escrevem. Demos devolutivas aos alunos por meio de adesivos com observações que colávamos em seu trabalho. As imagens na Figura I.1 mostram alguns dos registros matemáticos que os alunos do curso faziam em seus diários.

Outro recurso que sempre compartilho com os aprendizes é a codificação por cores – isto é, os alunos usam cores para destacar diferentes ideias. Por exemplo, quando trabalham em uma tarefa de álgebra, eles podem apresentar o *x* na mesma cor em uma expressão, em um gráfico e em um diagrama, conforme mostra a Figura I.2.

Na adição de números, a codificação por cores pode ajudar a mostrar os números que foram adicionados (Fig. I.3).

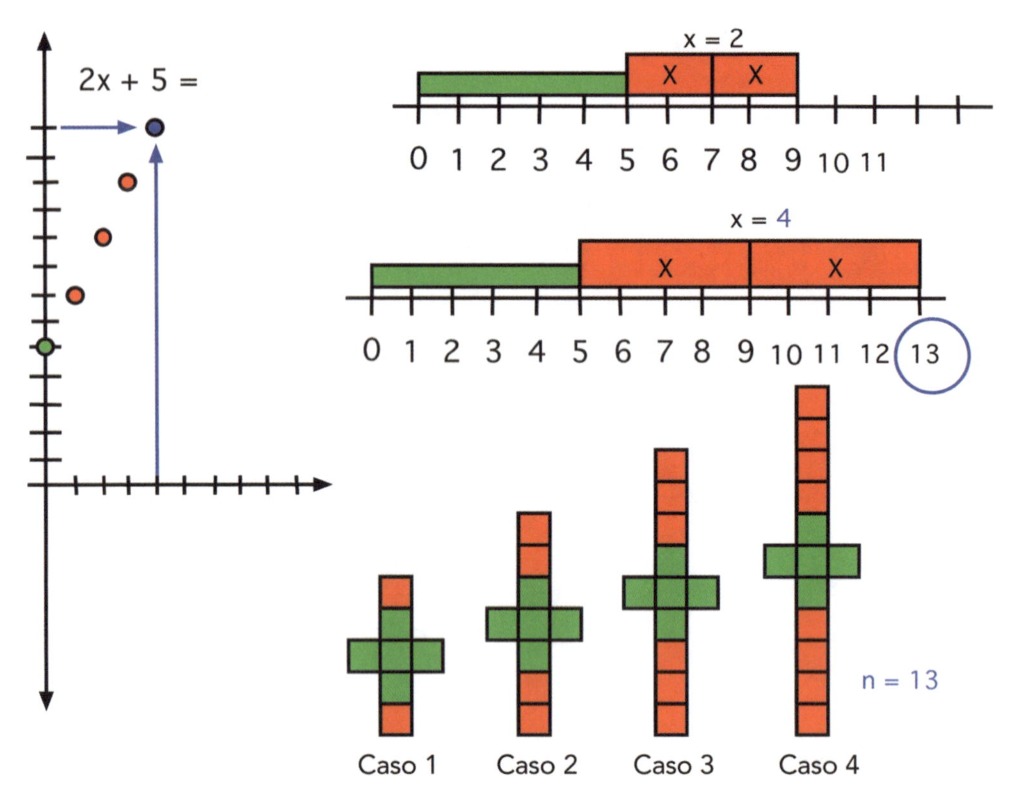

Figura I.2

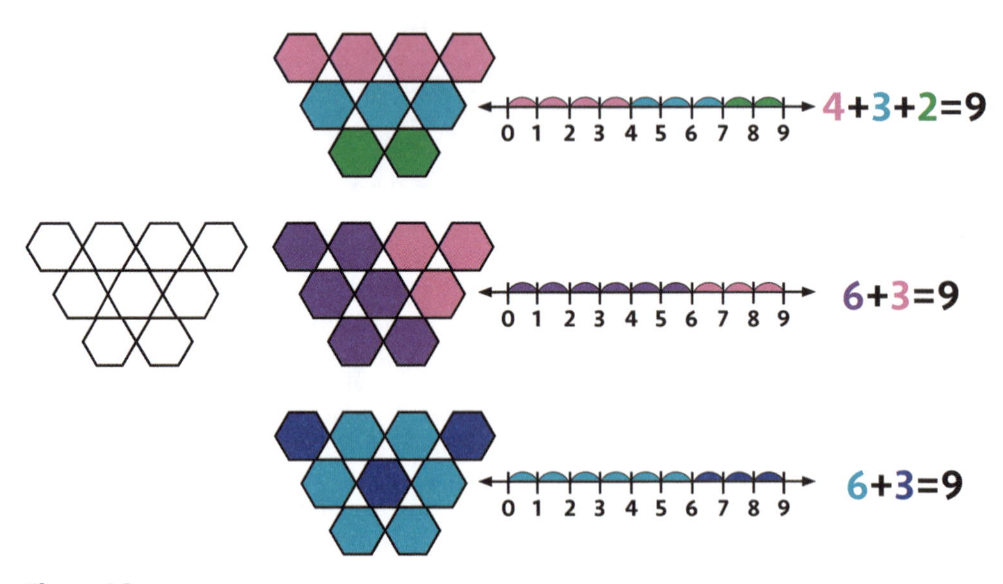

Figura I.3

A codificação por cores destaca as conexões, o que é uma parte verdadeiramente crítica da matemática.

Outra parte importante da matemática é o ato de raciocinar – explicar por que os métodos são escolhidos e como os passos estão interligados, usando a lógica para conectar as ideias. O raciocínio está no cerne da matemática. Os cientistas comprovam ideias encontrando mais casos que se encaixam em uma teoria ou casos contrários que a contradizem, mas os matemáticos comprovam seu trabalho por meio do raciocínio. Se os alunos não estão raciocinando, então não estão verdadeiramente fazendo matemática. Nas atividades dos livros dessa série, sugerimos uma estrutura que encoraja os alunos a serem convincentes quando raciocinam. Dizemos a eles que existem três níveis de convencimento. O primeiro nível, ou o mais fácil, é convencer a si mesmo de alguma coisa. Um nível mais alto é convencer a um amigo. E o nível mais elevado de todos é convencer a um cético. Também compartilhamos com os alunos que eles devem ser céticos uns com os outros, questionando por que aqueles métodos foram escolhidos e como eles funcionam. Descobrimos que essa estrutura é muito poderosa com os estudantes; eles gostam de ser céticos, de impulsionar uns aos outros para níveis mais profundos de raciocínio e isso os encoraja a raciocinar claramente, o que é importante para a sua aprendizagem.

Iniciamos cada livro de nossa série com uma atividade que convida os alunos a raciocinar sobre matemática e a ser convincentes. Encontrei pela primeira vez uma atividade como essa quando li as ideias de ensino de Mark Driscoll em seu livro *Fostering Algebraic Thinking*.* Achei que aquela era a atividade perfeita para introduzir a abordagem cética que eu havia aprendido com uma professora incrível, Cathy Humphreys. Ela havia aprendido e adaptado a estrutura de dois dos meus professores inspiradores na Inglaterra: o matemático John Mason e o educador matemático Leone Burton. Além de encorajar os alunos a ser convincentes, em inúmeras atividades, pedimos que provem uma ideia. Algumas pessoas imaginam uma prova como um conjunto formal de etapas que aprenderam na aula de geometria. Mas o ato de provar diz respeito, na verdade, à conexão de ideias, e quando os alunos embarcam na jornada de provar, vale a pena comemorar seus passos em direção à prova formal. O matemático Paul Lockhart (2012, p. 8) rejeita a ideia de que provar se trata de seguir um conjunto de passos formais, propondo, em vez disso, que provar é

> arte abstrata, pura e simples. E arte é sempre um esforço. Não existe uma forma sistemática de criar pinturas ou esculturas bonitas e significativas, e também não há nenhum método para a produção de argumentos matemáticos bonitos e significativos.

Em vez de sugerir que os alunos sigam passos formais, nós os convidamos a pensar profundamente sobre conceitos matemáticos e a fazer conexões. Serão apresentadas a eles muitas formas de serem criativos quando provarem e justificarem, e, por razões que discutirei mais adiante, sempre encorajamos e celebramos justificativas visuais, numéricas e algébricas. Idealmente, os alunos criarão representações visuais, numéricas e algébricas e irão conectar suas ideias por meio da codificação por cores e das explicações verbais. Os alunos ficam empolgados ao experimentar a matemática dessa maneira e se beneficiam com a oportunidade de colaborar com suas ideias e criatividade individuais para a solução dos problemas e para o espaço de aprendizagem. À medida que os alunos se desenvolvem em sua compreensão da matemática, podemos encorajá-los a ampliar e a generalizar suas ideias por meio do raciocínio, da justificação e da comprovação. Esse processo aprofunda a sua compreensão e os ajuda a comprimir sua aprendizagem.

---

*N. de R. T.: *Estimulando o pensamento algébrico*, em tradução livre, ainda não publicado em língua portuguesa.

IDEIAS FUNDAMENTAIS

Os livros desta série são organizados em torno de ideias matemáticas fundamentais. A matemática não é um conjunto de métodos; é um conjunto de ideias conectadas que precisam ser entendidas. Quando os alunos entendem as ideias fundamentais em matemática, os métodos e regras se encaixam perfeitamente. Um dos motivos pelos quais um conjunto de orientações curriculares é falho é que modelos e normas tomam a bela disciplina da matemática, com suas muitas conexões, e a dividem em pequenos pedaços que fazem essas conexões desaparecerem. Em vez de começarmos pelos pequenos pedaços, iniciamos com as ideias fundamentais e as importantes conexões, e listamos os elementos da Base Nacional Comum Curricular (BNCC)* que se encontram nas atividades. Nossas atividades convidam os alunos a se engajar nos atos matemáticos que estão listados nas normas imperativas da prática da BNCC, e eles também ensinam muitas das normas de conteúdo que emergem das ricas atividades.

Embora tenhamos capítulos dedicados a cada ideia fundamental, como se elas fossem separadas umas das outras, todas estão intrinsecamente ligadas. A Figura I.4 mostra algumas das conexões entre as ideias, e você será capaz de encontrar outras tantas. É muito importante compartilhar com os alunos que a matemática é uma disciplina de conexões e destacá-las enquanto eles trabalham.

Em **loja.grupoa.com.br**, acesse a página do livro por meio do campo de busca e clique em Conteúdo Online para baixar as imagens e folhas de tarefas para uso em sala de aula.

ESTRUTURA DO LIVRO

Visualize. Brinque. Investigue. Essas três palavras fornecem a estrutura para cada livro desta série. Elas também preparam o terreno para o pensamento aberto do aluno, para conexões cerebrais poderosas, para o engajamento e para a compreensão profunda. Como elas fazem isso? E por que este livro é tão diferente de outras obras sobre currículo de matemática?

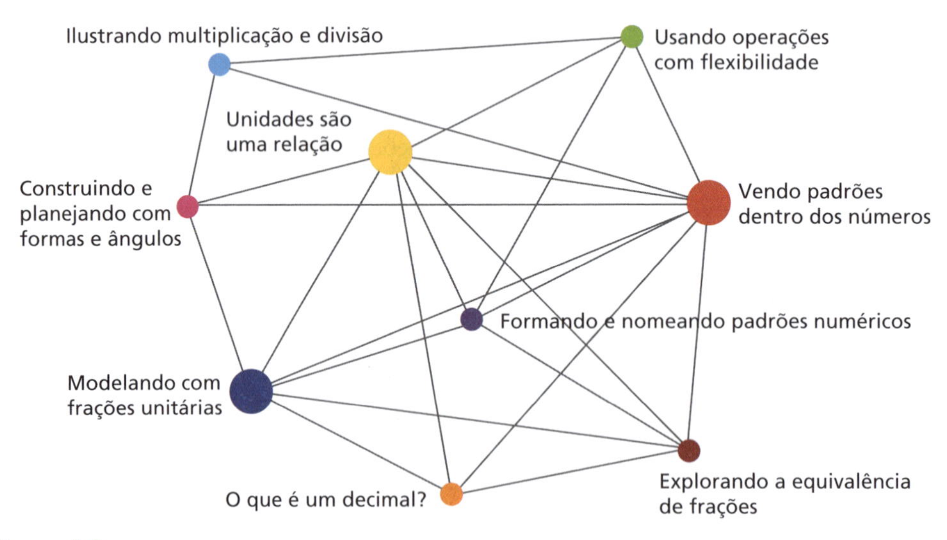

Figura I.4

*N. de R.T: No original, as referências são feitas aos parâmetros curriculares estadunidenses, o Common Core State Standards (CCSS). Na tradução da obra, adaptamos as sugestões fazendo referência à Base Nacional Comum Curricular (BNCC).

Visualize

Durante os últimos anos, venho trabalhando com um grupo de neurociência em Stanford, sob a direção de Vinod Menon, que se especializa na aprendizagem da matemática. Temos trabalhado juntos para pensar sobre como as descobertas da neurociência podem ser usadas para auxiliar aqueles que aprendem matemática. Uma das descobertas empolgantes que vêm emergindo nos últimos anos é a importância da visualização para o cérebro e para nossa aprendizagem da matemática. Os neurocientistas sabem agora que, quando trabalhamos em matemática, mesmo quando fazemos um cálculo numérico simples, cinco áreas do cérebro estão envolvidas, conforme apresentado na Figura I.5.

Dois dos cinco caminhos cerebrais – os caminhos dorsal e ventral – são visuais. O caminho visual dorsal é a principal região do cérebro para representação da quantidade. Isso pode parecer surpreendente, já que tantos de nós passamos centenas de horas nas aulas de matemática trabalhando com números, raramente nos envolvendo visualmente com a matemática. Agora os neurocientistas sabem que nossos cérebros "veem" dedos quando calculamos, e conhecer bem os dedos – o que eles chamam de percepção dos dedos – é essencial para o desenvolvimento da compreensão de um número. Se você deseja ler mais a respeito da importância do trabalho com os dedos em matemática, examine a seção de matemática visual do youcubed.org. Linhas numeradas são muito úteis, pois fornecem ao cérebro uma representação visual da ordem numérica. Em um estudo, quatro sessões de apenas 15 minutos com alunos jogando com uma linha numérica eliminaram completamente as diferenças entre estudantes de baixa renda e de classe média que estavam ingressando na escola (SIEGLER; RAMANI, 2008).

Nosso cérebro quer pensar visualmente sobre matemática, embora poucos materiais curriculares engajem os alunos no pensamento visual. Alguns livros de matemática apresentam figuras, mas raramente con-

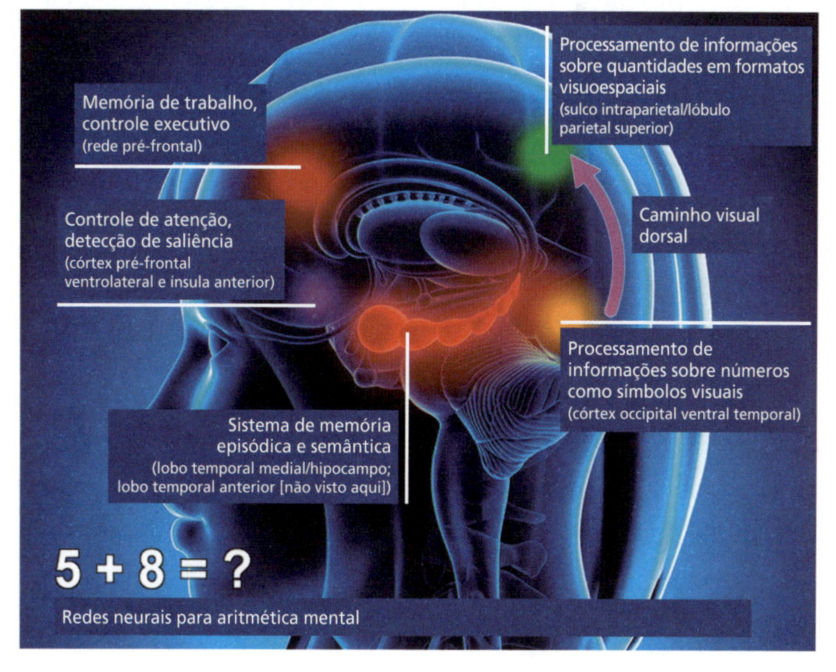

Figura I.5

vidam os alunos a fazer sua própria visualização e a desenhar. As pesquisas dos neurocientistas mostram a importância não só do pensamento visual, mas também da conexão que os alunos fazem com as diferentes áreas dos seus cérebros enquanto trabalham em matemática. Os cientistas sabem agora que, à medida que as crianças aprendem e se desenvolvem, elas aumentam as conexões entre as diferentes partes do cérebro e, em particular, desenvolvem conexões entre as representações simbólicas e visuais dos números. O crescimento no desempenho matemático ocorre quando os alunos estão desenvolvendo essas conexões. Durante muito tempo, nossa ênfase no ensino da matemática foi nas representações simbólicas dos números, com os alunos desenvolvendo uma área do cérebro relacionada com a representação simbólica dos números. Uma abordagem mais produtiva e envolvente é desenvolver todas as áreas do cérebro que estão ligadas ao pensamento matemático, e as conexões visuais são fundamentais para esse desenvolvimento.

Além do desenvolvimento cerebral que ocorre quando os estudantes pensam visualmente, descobrimos que as atividades visuais são verdadeiramente envolventes para os alunos. Mesmo aqueles que acham que não são "aprendizes visuais" (uma ideia incorreta) ficam fascinados e pensam profundamente sobre a matemática que é apresentada visualmente – como as representações visuais do cálculo 18 x 5 apresentado na Figura I.6.

No ensino que adotamos em nosso curso de férias do YouCubed para alunos do 6º e do 7º anos e em nossos ensaios com materiais da WIM, descobrimos que os alunos são inspirados pela criatividade que se torna possível quando a matemática é visual. Certo dia, quando estávamos testando os materiais em uma escola local de anos finais do ensino fundamental, uma mãe me parou e perguntou o que é que estávamos fazendo. Ela contou que sua filha sempre dizia que detestava matemática e não conseguia fazer contas, mas depois de trabalhar em nossas tarefas, chegou em casa dizendo que conseguia ver um futuro para si na matemática. Nós vínhamos trabalhando nas representações visuais numéricas que usamos em todos esses materiais de ensino, mostrados na Figura I.7.

A mãe relatou que, quando sua filha viu a criatividade possível na matemática, tudo mudou para ela. Acredito fortemente que podemos proporcionar esse discernimento e inspiração para muitos mais estudantes com o tipo de tarefas matemáticas criativas e abertas que fazem parte deste livro.

Também descobrimos que, quando apresentamos atividades visuais aos estudantes, as diferenças de *status* social que frequentemente atrapalham o bom ensino da matemática desaparecem. Recentemente, eu estava visitando uma sala de aula do 1º ano, e o professor havia organizado quatro estações de aprendizagem diferentes na sala. Em todas elas, os alunos estavam trabalhando em aritmética. Em uma delas, o professor envolveu os alunos em uma pequena conversa numérica; em

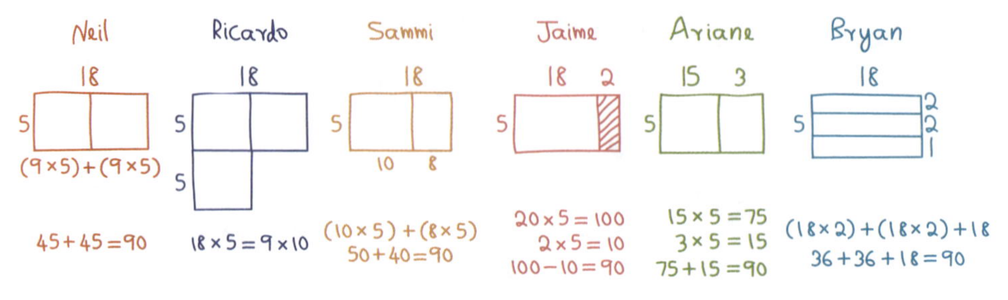

Figura I.6

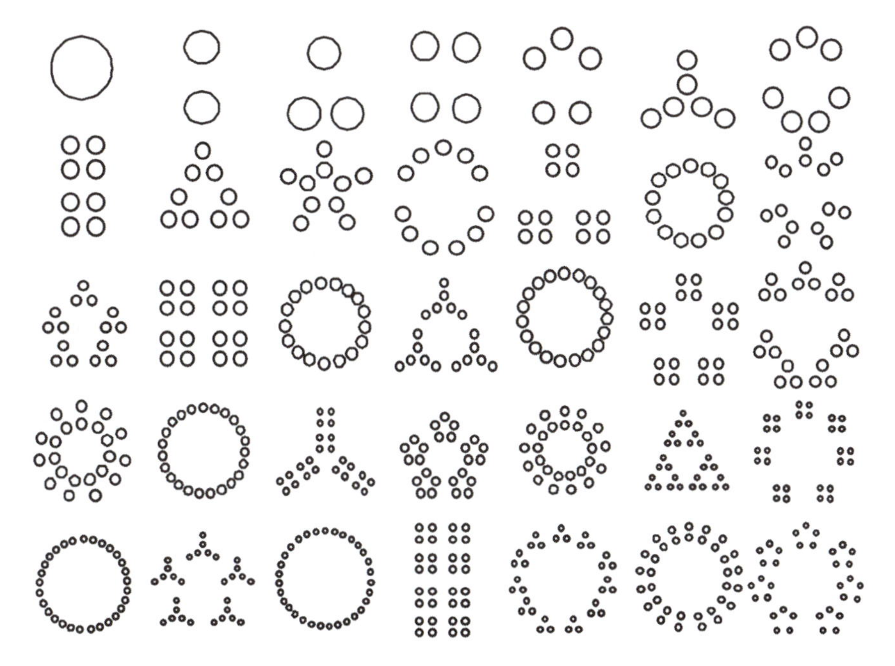

Figura I.7

outra, um professor assistente trabalhava em uma atividade com moedas; na terceira, os alunos jogavam um jogo de tabuleiro; e, na quarta, eles trabalhavam em uma folha de exercícios com números. Em cada uma das três primeiras estações, os alunos colaboravam e trabalhavam muito bem, mas assim que eles foram para a estação com a folha de exercícios, as conversas mudaram, e em cada grupo escutei frases do tipo "Isto é fácil", "Já terminei", "Não consigo fazer isto" e "Você ainda não terminou?". Esses comentários são inconvenientes e incômodos para muitos alunos. Atualmente, procuro apresentar tarefas sem números com a maior frequência possível, ou retiro a parte dos cálculos de uma tarefa, pois são os aspectos numéricos e de cálculos que frequentemente fazem os alunos se sentirem menos seguros de si. Isso não significa que eles não possam ter uma relação maravilhosa e produtiva com os números, como esperamos promover neste livro, mas algumas vezes é possível chegar à principal ideia matemática sem absolutamente nenhum número.

Quase todas as tarefas em nosso livro convidam o aluno a pensar visualmente sobre a matemática e a conectar as representações visuais e numéricas. Isso promove importantes conexões cerebrais, além do envolvimento profundo do aluno.

Brinque

Segundo meu ponto de vista, o segredo para a redução das diferenças de *status* nas salas de aula de matemática provém da *abertura* da matemática. Quando ensinamos aos alunos que podemos ver ou abordar uma ideia matemática de diferentes maneiras, eles começam a respeitar as diferentes formas de pensar de todos os colegas. A abertura da matemática envolve convidar os estudantes a ver as ideias de formas diferentes, a explorar as ideias e a fazer suas próprias perguntas. Os alunos podem ter acesso às mesmas ideias e aos mesmos métodos matemáticos por meio da criatividade e da exploração quando lhes são ensinados métodos que podem praticar. Além de reduzir ou eliminar as diferenças de *status*, a matemática aberta é mais envolvente para os alunos. É por isso que estamos convidando os alunos, por meio destes materiais, a brincar com a matemática. Albert Einstein, em sua famosa frase, disse: "Brincar é a mais elevada forma de pesquisa". É por isso que brincar é uma oportunidade para que ideias sejam usadas e desenvolvidas a serviço de algo prazeroso. Nas atividades **Brinque** de nossos materiais, os alunos são convidados a trabalhar com uma ideia importante em um espaço livre em que podem desfrutar da liberdade do jogo matemático. Isso não significa que as atividades não ensinam conteúdos e práticas matemáticas essenciais – elas fazem isso, já que convidam os alunos a trabalhar com ideias. Idealizamos as atividades **Brinque** para minimizar a competição e, em vez disso, convidar os alunos a trabalhar em cooperação, construindo a compreensão juntos.

Investigue

Nossas atividades **Investigue** acrescentam algo muito importante: oferecem aos alunos oportunidades de dar asas às ideias. Também têm um elemento lúdico, mas a diferença é que propõem questões que os alunos podem explorar e levar até níveis muito altos. Conforme mencionado anteriormente, todas as tarefas são planejadas para serem o máximo possível de piso baixo e teto alto, pois isso proporciona as melhores condições para engajar todos os alunos, seja qual for seu conhecimento prévio. Qualquer aluno pode ter acesso a elas, e podem levar as ideias até níveis muito altos. Devemos sempre estar abertos a ser surpreendidos pelo que nossos aprendizes são capazes de fazer, sempre lhes proporcionando oportunidades de levar o trabalho até altos níveis e ser desafiados.

Uma descoberta crucial da neurociência é a importância de os alunos se esforçarem e cometerem erros – são esses os momentos em que os cérebros mais crescem. Em um de meus encontros com um destacado cientista, ele afirmou muito claramente: se os alunos não estiverem se esforçando, não estão aprendendo. Desejamos colocar os alunos em situações em que sintam que o trabalho é árduo, mas que está ao seu alcance. Não se preocupe se eles fizerem perguntas que você não sabe responder; isso é bom. Uma das ideias prejudiciais que professores e alunos compartilham na educação é que os professores de matemática sabem tudo. Isso dá aos alunos a ideia de que "pessoas matemáticas" são aquelas que sabem muito e nunca cometem erros, o que é uma mensagem incorreta e nociva. É bom dizer aos seus alunos: "Essa é uma boa pergunta sobre a qual todos nós podemos pensar" ou "Nunca pensei sobre essa ideia; vamos investigá-la juntos". É bom até mesmo cometer erros na frente dos alunos, pois isso lhes mostra que os erros são uma parte importante do trabalho matemático. Enquanto investigam, eles devem ir a lugares sobre os quais você nunca pensou – levando as ideias em novas direções e explorando um território desconhecido. Seja um modelo para os alunos do que significa ser um aprendiz curioso da matemática, sempre aberto a aprender novas ideias e a ser desafiado.

* * *

Elaboramos atividades que duram no mínimo um período de aula, mas algumas delas podem ser mais demoradas, especialmente se os alunos fizerem perguntas profundas ou iniciarem uma investigação de uma ideia empolgante. Se puder ser flexível quanto ao tempo nas atividades, será ótimo, ou você pode sugerir que eles continuem as atividades em casa. Quando ensinamos essas atividades, descobrimos que os alunos ficam tão entusiasmados pelas ideias que as levam para casa para compartilhar com suas famílias e continuam trabalhando nelas, o que é maravilhoso. O tempo todo estimule o pensamento profundo, e não a velocidade, já que essa é a natureza do verdadeiro pensamento matemático. Peça que os alunos elaborem representações criativas de suas ideias; valorize seus desenhos, modelos e qualquer forma de criatividade. Convide-os para uma jornada de curiosidade matemática e embarque nela com eles, caminhando ao seu lado enquanto vivenciam a maravilha da mentalidade aberta da matemática.

REFERÊNCIAS

LOCKHART, P. *Measurement*. Cambridge: Harvard University Press, 2012.

SIEGLER, R. S.; RAMANI, G. B. Playing linear numerical board games promotes low income children's numerical development. *Developmental Science*, v. 11, n.5, p. 655–661, 2008.

THURSTON, W. Mathematical education. *Notices of the American Mathematical Society*, v. 37, n.7, p. 844–850, 1990.

ATIVIDADES PARA CONSTRUIR NORMAS

ENCORAJANDO O BOM TRABALHO EM GRUPO

Sempre usamos esta atividade antes que os alunos trabalhem juntos em matemática, pois isso ajuda a melhorar as interações no grupo. Os professores que já experimentaram esta atividade ficaram satisfeitos com as respostas reflexivas dos estudantes e consideraram úteis seus pensamentos e palavras para a criação de um ambiente positivo e apoiador. A primeira coisa a fazer é pedir que os alunos reflitam em grupo sobre coisas que não gostam que as pessoas digam ou façam quando estão trabalhando juntos em matemática. Os alunos elaboram algumas ideias muito importantes, como o fato de não gostarem que as pessoas deem logo a resposta, se apressem no trabalho ou ignorem as ideias dos outros. Depois que tiveram tempo suficiente para a tempestade de ideias em grupo, colete as ideias. Em geral, fazemos isso confeccionando uma lista ou cartaz "Do que não gostamos" e pedindo que cada grupo contribua com uma ideia, circulando pela sala até que algumas ideias tenham sido compartilhadas (geralmente 10). A seguir, fazemos o mesmo para a lista ou cartaz "Do que gostamos". Pode ser interessante apresentar à turma os cartazes finais com as normas acordadas em sala de aula sobre as quais você e eles podem refletir durante o ano. Se algum aluno compartilhar um comentário negativo, como "Eu não gosto de esperar pelas pessoas lentas", não coloque isso no cartaz; em vez disso, use esse comentário como uma oportunidade para discutir a questão. Isso raramente acontece, e os alunos em geral são muito ponderados e respeitosos com as ideias que compartilham.

Atividade	Tempo	Descrição/Estímulo	Materiais
Abertura	5 min	Explique aos alunos que o trabalho em grupo é uma parte importante do que os matemáticos fazem. Eles discutem suas ideias e trabalham em conjunto para resolver problemas desafiadores. É importante trabalhar em conjunto, e precisamos discutir o que nos ajuda a trabalhar bem dessa forma.	
Explore	10 min	Designe um facilitador para o grupo a fim de assegurar que todos os alunos consigam compartilhar seus pensamentos sobre os pontos 1 e 2. Os grupos devem registrar as ideias de todos os seus membros e depois decidir quais delas serão compartilhadas durante a discussão com toda a classe. Em seus grupos: 1. Reflitam sobre as coisas que vocês não gostam que as pessoas digam ou façam quando estão trabalhando em matemática em um grupo. 2. Reflitam sobre as coisas que vocês gostam que as pessoas digam ou façam quando estão trabalhando em matemática em um grupo.	Papel Lápis ou caneta
Discuta	10 min	Peça que cada grupo compartilhe seus resultados. Condense as respostas e faça um cartaz para que as ideias dos alunos sejam visíveis e vocês possam consultá-las durante a aula.	Duas ou quatro unidades de papel cartaz grande para coletar as ideias dos alunos.

DOBRADURA DE PAPÉIS: APRENDENDO A RACIOCINAR, A CONVENCER E A SER CÉTICO

Conexão com a BNCC*

EF04MA18, EF04MA19, EF05MA18, EF05MA19

Um dos tópicos mais importantes em matemática é o raciocínio. Enquanto os cientistas provam e refutam ideias por meio da descoberta de casos, os matemáticos provam suas ideias raciocinando – fazendo conexões lógicas entre as ideias. Esta atividade dá aos estudantes uma oportunidade de aprender a raciocinar bem ao terem de convencer pessoas céticas.

Antes de iniciar a atividade, explique aos alunos que o seu papel é serem convincentes. A pessoa mais fácil de convencer é a si mesmo. Um nível acima de convencimento é convencer a um amigo, e o nível mais alto é convencer a um cético. Nesta atividade, os alunos aprendem a raciocinar até o ponto em que consigam convencer a um cético. Eles devem trabalhar em pares, revezando-se nos papéis de convencedor e de cético.

Dê a cada aluno uma folha de papel quadrada. Se você tem papel A4, pode lhes pedir que façam o quadrado primeiro.

O desafio inicial é um dos alunos dobrar o papel para formar um triângulo que não inclua nenhuma das bordas do papel. Ele deve convencer seu colega de que aquilo é um triângulo, usando o que sabe sobre triângulos para ser convincente. O colega cético deve fazer muitas perguntas, do tipo: "Como você sabe que este é um ângulo de 90 graus?", e não aceitar que é porque se parece com um triângulo.

Os colegas devem, então, inverter os papéis, e o outro aluno dobra o papel formando um quadrado que não inclua nenhuma das suas bordas. Seu colega deve ser cético e forçar níveis mais altos de raciocínio.

A seguir, os parceiros devem trocar os papéis novamente, e o desafio é dobrar o papel para formar um triângulo isósceles, mais uma vez não usando as bordas do papel.

O quarto desafio é fazer um triângulo isósceles diferente. Para cada desafio, os parceiros devem raciocinar e ser céticos.

Quando a tarefa estiver concluída, facilite uma discussão com toda a classe na qual os alunos debatem as questões a seguir.

- Qual foi a tarefa mais desafiadora? Por quê?
- O que foi difícil quando você teve que raciocinar e ser convincente?
- O que foi difícil quando você teve que ser cético?

*N. de R.T.: No original, conexão com o CCSS: 4.G.2 – Classificar duas figuras dimensionais baseando-se na presença ou ausência de linhas paralelas ou perpendiculares, ou na presença ou ausência de ângulos de um tamanho específico; reconhecer triângulos retângulos como uma categoria e identificar triângulos retângulos.

Atividade	Tempo	Descrição/Estímulo	Materiais
Abertura	5 min	Diga aos alunos que seu papel naquele dia é ser convincente e cético. Peça que dobrem uma folha de papel formando um perfeito triângulo escaleno. Escolha um dos alunos e demonstre como ser cético.	
Explore	10 min	Mostre a tarefa aos alunos e explique que, em cada rodada, eles deverão resolver o problema da dobradura. Em pares, os alunos se revezam dobrando, raciocinando e sendo céticos. Depois que os alunos se convencem de que resolveram cada problema, eles trocam de papéis e dobram o desafio seguinte. Dê aos alunos uma folha de papel quadrada ou peça que iniciem fazendo um quadrado. Os desafios de convencimento são os seguintes: 1. Dobre sua folha de papel formando um triângulo que não inclua as bordas do papel. 2. Dobre sua folha de papel formando um quadrado que não inclua as bordas do papel. 3. Dobre sua folha de papel formando um triângulo isósceles que não inclua as bordas do papel. 4. Dobre sua folha de papel formando um triângulo isósceles diferente que não inclua as bordas do papel.	• Uma folha de papel A4 por aluno. • Folha de tarefas para cada aluno: Dobradura de papéis: aprendendo a raciocinar, a convencer e a ser cético.
Discuta	10 min	Discuta a atividade com toda a turma. Assegure-se de discutir os papéis do convencedor e do cético.	

DOBRADURA DE PAPÉIS: APRENDENDO A RACIOCINAR, A CONVENCER E A SER CÉTICO

1. Dobre sua folha de papel formando um triângulo que não inclua as bordas do papel. Convença um cético de que isso é um triângulo.

   Reflexão:

   Troquem os papéis.

2. Dobre sua folha de papel formando um quadrado que não inclua as bordas do papel. Convença um cético de que isso é um quadrado.

   Reflexão:

   Troquem os papéis.

3. Dobre sua folha de papel formando um triângulo isósceles que não inclua as bordas do papel. Convença um cético de que isso é um triângulo isósceles.

   Reflexão:

   Troquem os papéis.

4. Dobre sua folha de papel formando um triângulo isósceles diferente que não inclua as bordas do papel. Convença um cético de que isso é um triângulo isósceles.

   Reflexão:

   Troquem os papéis.

VENDO PADRÕES NOS NÚMEROS

Os números fazem parte do nosso mundo e são usados ao longo de toda a nossa vida, seja qual for nossa idade, ocupação ou nível de interesse. Porém, muitas pessoas desenvolvem uma relação muito limitada com eles, encarando-os como algo a ser usado em cálculos, em vez de vê-los como um conjunto fascinante de ideias que podem enriquecer o seu mundo. Nossa primeira ideia fundamental convida os alunos a serem cativados pelos números e a conhecê-los em profundidade. O que é encantador com relação a eles é que são formados por diferentes arranjos, têm diferentes fatores, podem ser vistos de formas variadas e têm seu próprio sistema intricado a ser explorado.

Quando nos deparamos pela primeira vez com a representação visual dos números de Brent Vorgey (Fig. 1.1), ficamos fascinadas, pois imediatamente percebemos a criatividade, a beleza e as compreensões que as representações visuais revelavam.

Em nossa atividade **Visualize**, convidamos os alunos a explorar essa representação dos números e a ver quais padrões são revelados pelas representações visuais. Convida-

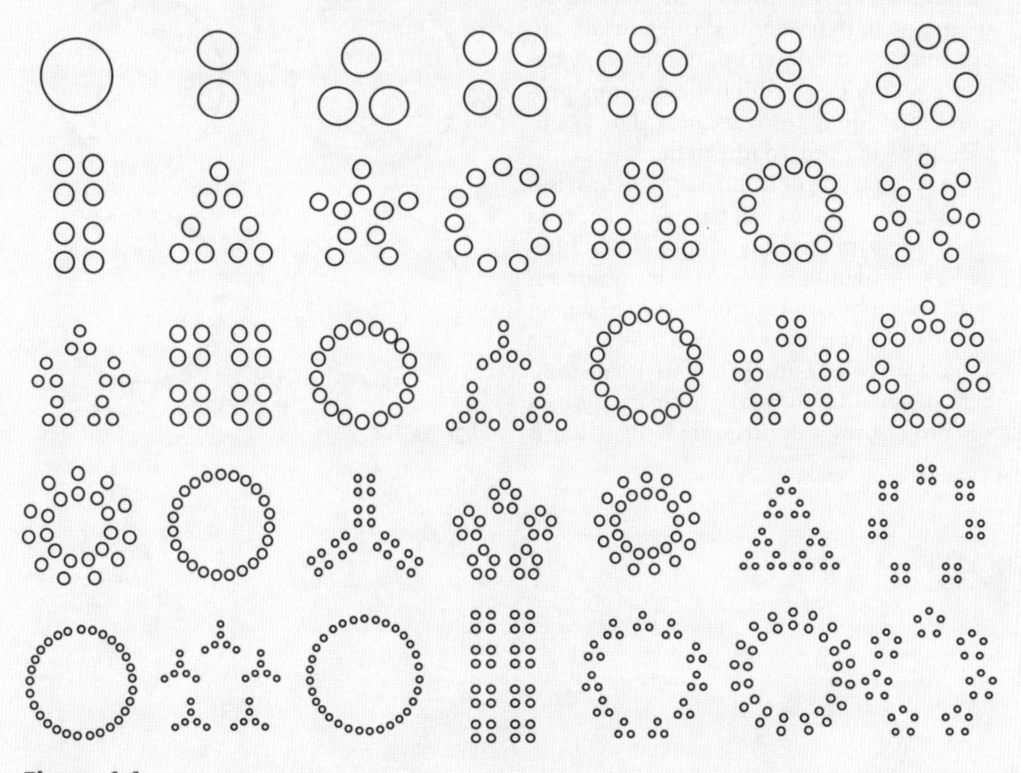

Figura 1.1

mos a verem como são os números primos e a observarem os diferentes fatores dentro dos números. Convidamos os alunos a investigarem os padrões entre os números, vendo o que seu posicionamento no diagrama nos revela. Além disso, os convidamos a verem os números visualmente e a desenvolverem a percepção de que os números contêm toda a sorte de informações que os tornam diferentes uns dos outros, especiais e interessantes.

Na atividade **Brinque**, ampliamos o tempo dos alunos com as representações visuais numéricas em um ambiente mais lúdico. Os alunos participam de um jogo utilizando a página com a representação visual dos números como um tabuleiro, movendo-se entre as representações visuais e numéricas. Isso, assim como com as outras duas tarefas desta ideia fundamental, estimula importantes conexões entre as diferentes áreas do cérebro.

Na atividade **Investigue**, convidamos os alunos a pensarem cuidadosamente sobre a flexibilidade dos números. Um dos aspectos nos quais os números se diferenciam uns dos outros é o número de fatores que eles têm e o grau de flexibilidade que nos proporcionam quando os usamos. Por exemplo, 24 é um número muito flexível, já que pode ser separado de inúmeras maneiras. Isso faz dele um número útil para embalar, para planejar e para medir o tempo. Nesta atividade, convidamos os alunos a dar valor aos diferentes números de acordo com a sua flexibilidade, ajudando-os a desenvolver uma apreciação pelos números. A atividade também os convida a formar grupos iguais e dá aos professores a oportunidade de discutir se estão pensando aditiva ou multiplicativamente e o que essas diferenças significam.

As três atividades proporcionam aos alunos uma oportunidade de desenvolver novas compreensões sobre os números que utilizarão pelo resto de suas vidas.

A neurociência nos diz que, quando os alunos estão se evolvendo com os números como símbolos, como o numeral 4, e como recursos visuais, conforme apresentado na Figura 1.2, estão fazendo conexões entre as diferentes áreas do cérebro, e essas conexões são essenciais para a aprendizagem e o êxito em matemática. As atividades nessa grande área são um convite a muitas conexões cerebrais, com os alunos desenvolvendo caminhos que irão ajudá-los enquanto avançam em suas carreiras matemáticas.

Jo Boaler

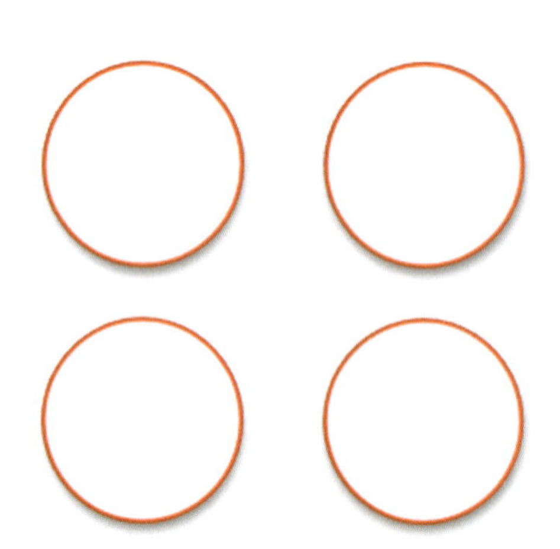

Figura 1.2

VISUALIZANDO NÚMEROS

Visão geral

Nesta atividade, os alunos trabalham com a página com a representação visual numérica para explorarem os padrões que conseguem ver dentro dos números. Com ela, abrimos a porta para a compreensão dos fatores, múltiplos e primos, além de outros padrões numéricos.

Conexão com a BNCC*

EF03MA07, EF04MA06, EF04MA11, EF03MA10

Planejamento

Atividade	Tempo	Descrição/Estímulo	Materiais
Abertura	5 min	Gerar múltiplas formas pelas quais os números podem ser representados e introduzir a página com a representação visual numérica.	Página com a representação visual numérica reproduzida para os alunos e uma para apresentação.
Explore	20+ min	Os alunos procuram padrões dentro da página com a representação visual numérica e os codificam por cores.	Lápis, canetinhas ou canetas coloridas para os alunos.
Discuta	10 min	Discutir os diferentes padrões encontrados e como sua codificação por cores os torna visíveis.	
Explore	20+ min	Os alunos procuram padrões compartilhados pelos diferentes números. Recortam seus papéis de modo que possa agrupá-los ou organizá-los para mostrar os padrões compartilhados.	• Página com a representação visual numérica, uma para cada grupo. • Cores • Tesouras • Opcional: cartazes ou folha de papel grande.
Discuta	15 min	Os alunos compartilham as diferentes formas como agruparam os números e discutem os padrões compartilhados que encontraram.	

Para o professor

A duração desta atividade depende, em grande parte, de como os alunos gostariam de explorar os padrões. Constatamos que alguns desejam explorá-los em profundidade, e lhes deve ser dado tempo para fazer isso. Prossiga de acordo com o interesse dos seus alunos. Esta atividade pode facilmente se prolongar por muitos dias.

*N. de R. T.: No original, conexão com o CCSS: 4.OA.4 – Encontrar todos os pares de fatores para um número inteiro entre 1 e 100. Reconhecer que um número inteiro é um múltiplo de cada um dos seus fatores. Determinar se um determinado número entre 1 e 100 é um múltiplo de um dado número de um dígito. Determinar se um determinado número entre 1 e 100 é primo ou composto.

ATIVIDADE

Abertura

Os números podem ser representados de muitas formas diferentes. Por exemplo, 6 pode ser escrito como um numeral, mas também pode ser apresentado de outras formas, como na Figura 1.3.

Quando iniciar esta atividade, você poderá compartilhar algumas dessas formas com os alunos ou fazê-los gerar formas nas quais os números são representados no mundo deles. Dê a cada aluno uma cópia da página com a representação visual numérica e peça que observem os números que são apresentados. Faça com que registrem o valor real do número para cada representação visual. Há padrões por toda essa página. Pergunte aos alunos: que padrões vocês observam?

Explore

Peça que os alunos explorem os padrões na página com a representação visual numérica.

- Quais padrões você vê?

Forneça lápis, canetas ou canetinhas coloridas para os alunos.

- Como você pode usar as cores para mostrar os padrões dentro desses números?

Os alunos podem identificar grupos de tamanhos iguais dentro de alguns números. Por exemplo, 4, 8, 12, 16, 20, 24, 28 e 32 têm agrupamentos de 4 dentro deles. Podem observar que alguns números não possuem grupos dentro deles; números como 11, 13, 17 e 19 são círculos. Eles podem perceber como alguns números crescem para fora a partir de um padrão central. Por exemplo, 6 tem um grupo de 3 no centro, e cada canto foi acrescentado com um ponto. Os alunos também podem observar múltiplos números dentro de um número. Por exemplo, 18 tem três grupos de 6, mas também tem 9 pares. Alguns desses padrões são apresentados na Figura 1.4 como um exemplo de como os alunos podem usar as cores para destacar os diferentes padrões que encontram.

Discuta

Peça aos alunos que compartilhem as diferentes maneiras como codificaram seus números com cores para revelar os padrões. O que as diferentes maneiras de colorir mostram? Você poderá querer focar a discussão em um único número para comparar os diferentes padrões dentro dele. Por exemplo, pode examinar os diferentes padrões dentro do número 12 que as diversas formas de colorir deixaram mais claros.

O que os diferentes números têm em comum? Se você focou em um número em particular, pode perguntar: que outros nú-

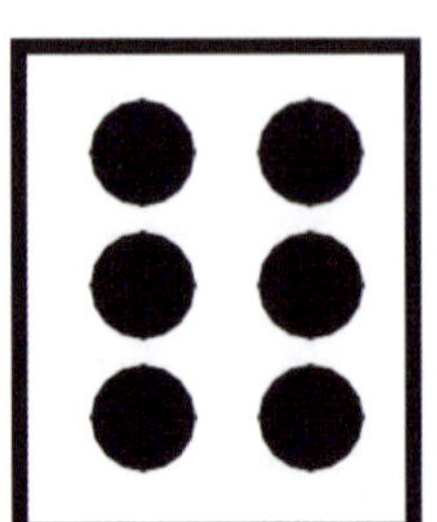

Figura 1.3

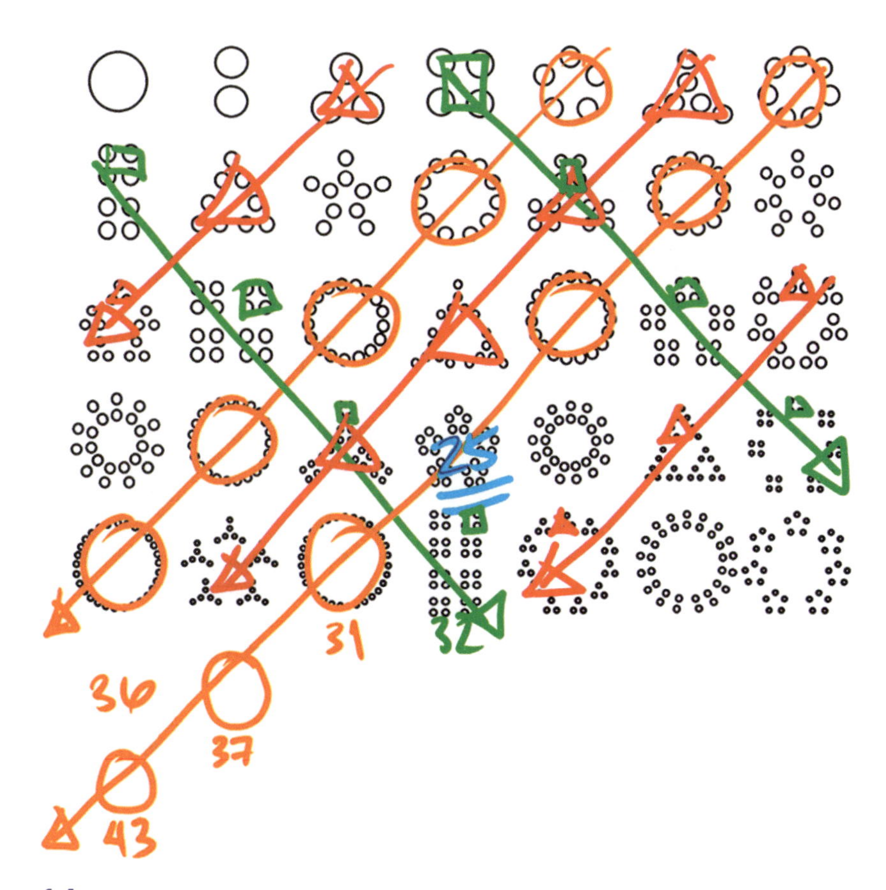

Figura 1.4

meros são como este? Em que eles são semelhantes? Se os alunos percebem os agrupamentos dentro de cada número, dê a eles o termo fator para descrever esses agrupamentos. Por exemplo, se os alunos veem os três agrupamentos de 4 dentro de 12, você pode dizer que 4 é um fator de 12, ou que 12 tem 4 como fator.

Explore

Agora peça que os alunos retornem às suas representações visuais numéricas codificadas com cores e procurem os padrões que os diferentes números compartilham. Dê a eles uma nova página com a representação visual numérica e tesouras para recortá-la para que possam reunir, ordenar ou agrupar os números pelas características comuns e codificar com cores essas características. Eles devem trabalhar com um colega ou em um pequeno grupo para encontrarem os padrões.

- Que padrões os diferentes números compartilham?
- Como você pode agrupar ou organizar números para mostrar o que eles têm em comum?

Você pode pedir que os alunos colem seus arranjos em um cartaz com cola ou fita adesiva para tornar mais fácil a sua exposição. Dessa maneira, podem catalogar os grupos ou as relações entre os números.

Discuta

Peça aos alunos que compartilhem os padrões que observaram entre os números. Você pode pedir que pendurem os cartazes e deem uma volta observando os outros trabalhos, ou solicitar que cada grupo compartilhe o que descobriu. Em cada um dos casos, discuta com toda a turma as questões a seguir.

- Que padrões os diferentes números compartilham?
- O que você está se perguntando agora sobre esses números?
- O que você está se perguntando sobre os números que ainda não foram examinados?

Se os alunos percebem os agrupamentos que os diferentes números compartilham, diga-lhes que costumamos dizer que eles compartilham um fator. Se eles notam os círculos e a ausência de agrupamentos dentro deles, procure sondar o que isso significa. Você pode nomear esses números, em que não são possíveis grupos iguais, como primos.

Procure

- **Os alunos percebem que os números estão dentro de outros números?** Por exemplo, alguém vê três agrupamentos de 4 dentro do número 12? Um objetivo desta atividade é que vejam os componentes essenciais dos números.
- **Os alunos percebem que alguns números são formados apenas de pontos individuais?** Este é o começo da percepção dos números primos.
- **Os alunos estão pensando de forma multiplicativa ou aditiva?** Embora os números possam ser separados por meio da adição, queremos estimular os alunos a perceber padrões de grupos iguais. Este é um ponto de discussão interessante.
- **Os alunos estão percebendo que alguns números têm componentes essenciais similares?** Este é o começo da percepção dos fatores comuns.

Reflita

Qual dos números você acha mais interessante nesta página? Por quê?

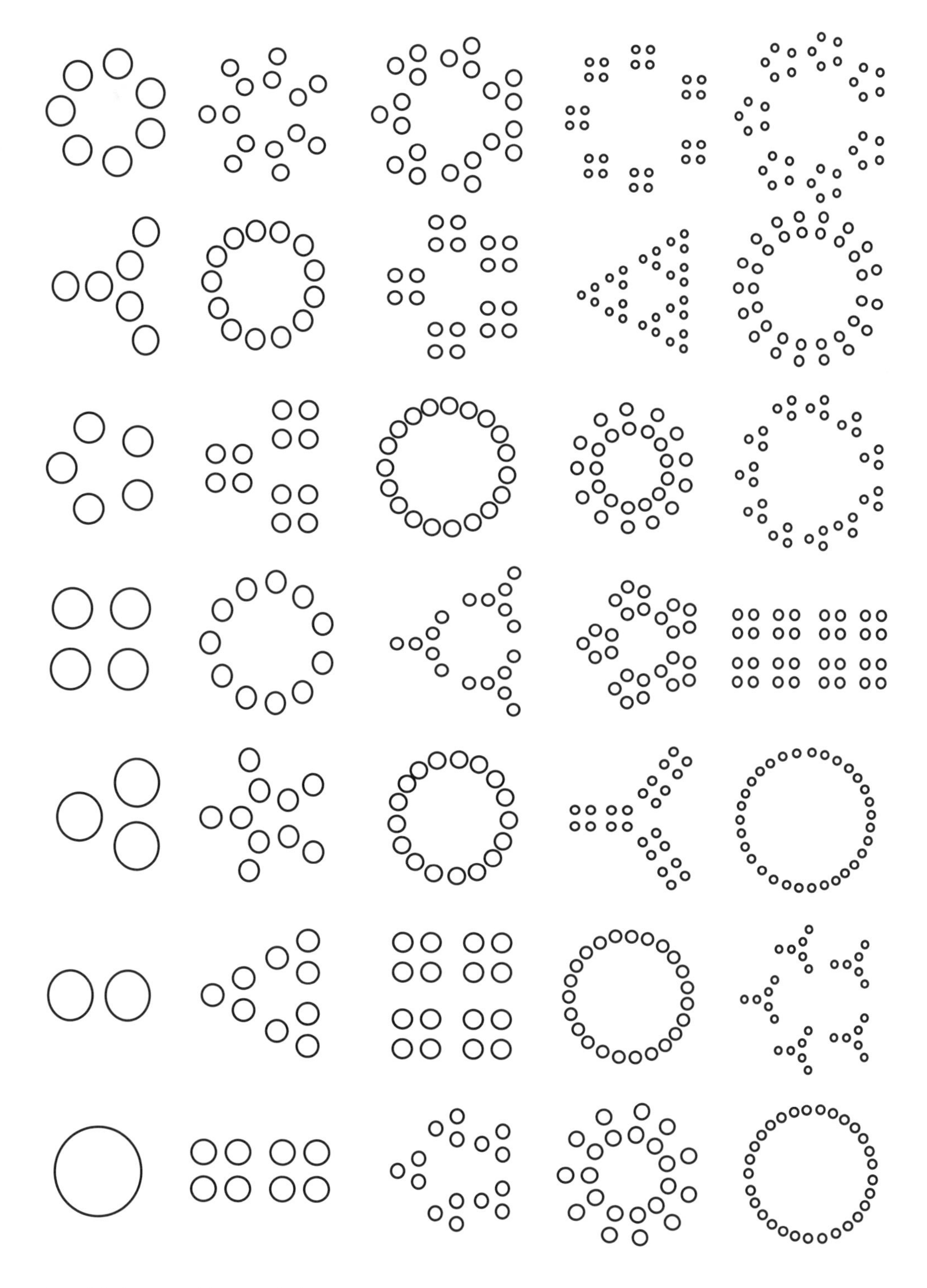

O QUE PODERIA SER?

Visão geral

Os alunos participam de um jogo usando a representação visual numérica para explorar melhor a ideia dos fatores. Cada dupla tenta formar quatro quadros em sequência em um tabuleiro de jogo numérico, ao mesmo tempo pensando visual e numericamente.

Conexão com a BNCC*

EF04MA06, EF04MA11, EF05MA10

Planejamento

Atividade	Tempo	Descrição/Estímulo	Materiais
Abertura	10 min	Introduza a ideia de uma parte do número e ensine os alunos as regras do jogo de hoje.	• Cartas de partes visuais numéricas (um baralho para cada dupla). • Tabuleiros de jogo (pelo menos um por dupla). • Recursos para marcação: lápis, lápis de cor ou fichas.
Brinque	20+ min	Os alunos jogam O que poderia ser? em duplas.	
Discuta	10 min	Discuta as estratégias que os alunos desenvolveram jogando o jogo.	

Para o professor

A brincadeira de hoje usa a representação visual numérica que os alunos exploraram na atividade **Visualize**. São fornecidos diferentes tabuleiros de jogos que apresentam diferentes graus de desafio; o tabuleiro com números maiores e o tabuleiro em que os valores não estão em ordem são os mais desafiadores. Os alunos irão jogar em duplas, podem começar com um dos tabuleiros e depois podem tentar um mais desafiador.

ATIVIDADE

Abertura

Mostre uma das cartas de partes visuais numéricas ou amplie um dos números visuais de modo que apenas uma parte seja visível para os alunos. Diga-lhes que essa é apenas uma parte de um número maior. Pergunte à classe: que número poderia ser? Você pode pedir que os alunos se juntem e compartilhem ideias e raciocínio. Colete na turma al-

*N. de R. T.: No original, conexão com o CCSS: 4.OA.4 (ver nota na página 21).

gumas respostas possíveis e o raciocínio que as sustenta. Você também pode perguntar: que número não poderia ser? Por que não?

Introduza o jogo de hoje mostrando o tabuleiro aos alunos. Sugerimos que inicie com o tabuleiro 1-36. Sem propriamente jogar o jogo com os alunos, explique as regras, mostrando como eles poderiam ter marcado a representação visual numérica que acabaram de discutir em grupo.

Brinque

Orientações para o jogo

- Prepare o espaço do jogo colocando um tabuleiro entre você e seu parceiro. Coloque o baralho de cartas virado para baixo entre vocês. Cada jogador precisará de um lápis, lápis de cor ou um conjunto de fichas para marcar o tabuleiro.
- Os parceiros se alternam retirando uma carta de partes visuais numéricas. O jogador que retira a carta deve adivinhar: "Que número poderia ser?" e compartilhar seu raciocínio com o colega. Então o jogador pode marcar (com um X, lápis de cor ou ficha) o número que escolheu.
- Os jogadores se revezam retirando as cartas, raciocinando e marcando os números até que um dos jogadores marque quatro quadros em sequência, na vertical, horizontal ou diagonal.

Enquanto os alunos jogam, você deverá circular pela sala e ver o tipo de raciocínio que estão usando, que possibilidades encontram e se desejam um tabuleiro mais desafiador. Os alunos podem jogar repetidamente no mesmo tabuleiro. Você pode decidir trocar as duplas durante o tempo de jogo de forma que os alunos possam testar suas estratégias com alguém novo.

Discuta

Reúna os alunos para discutir as estratégias que desenvolveram durante o jogo. Discuta as questões a seguir.

- Como vocês decidiram que números uma figura poderia representar?
- Depois disso, como escolheram quais daqueles números vocês marcariam?
- O que tornou o jogo difícil? Vocês cometeram algum erro? O que vocês aprenderam com esses erros?
- Quais números foram mais fáceis de perceber? Quais foram mais difíceis? Por que vocês pensam dessa forma?

Procure

- **Como os alunos estão raciocinando sobre os números que cada imagem poderia representar? Eles estão aplicando o pensamento sobre fatores?** As partes na carta devem ajudá-los a começar a gerar múltiplos e a pensar sobre como os fatores podem ser usados para construir um número maior.
- **Os alunos reconhecem que tipos de algarismos poderiam ser números primos?** Os primos no tabuleiro são particularmente desafiadores, e os alunos precisarão perceber que apenas algumas cartas podem ser usadas para capturá-los.

Reflita

Como você faria um tabuleiro fácil? E um tabuleiro muito desafiador?

CARTAS DE PARTES VISUAIS NUMÉRICAS

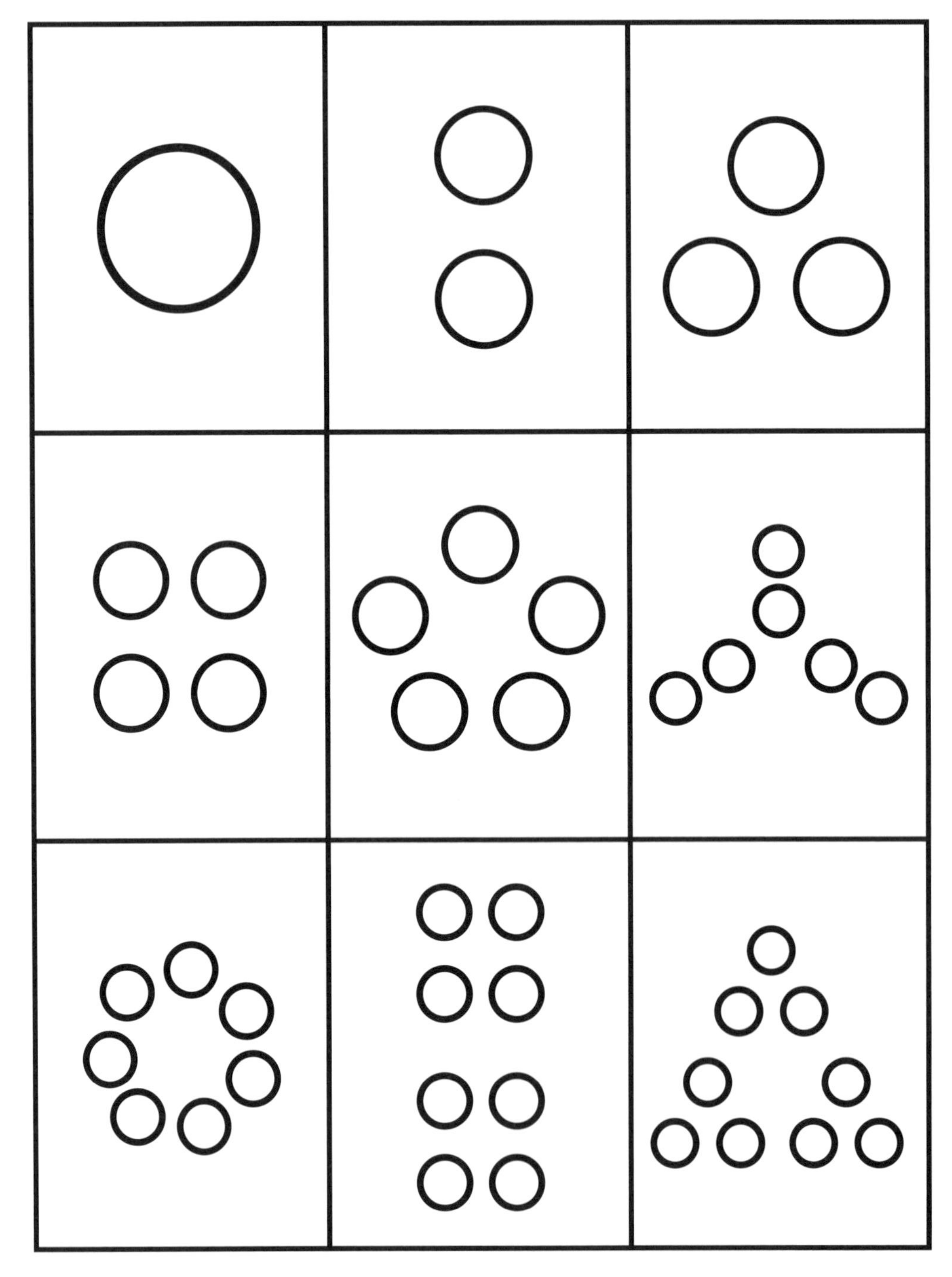

CARTAS DE PARTES VISUAIS NUMÉRICAS

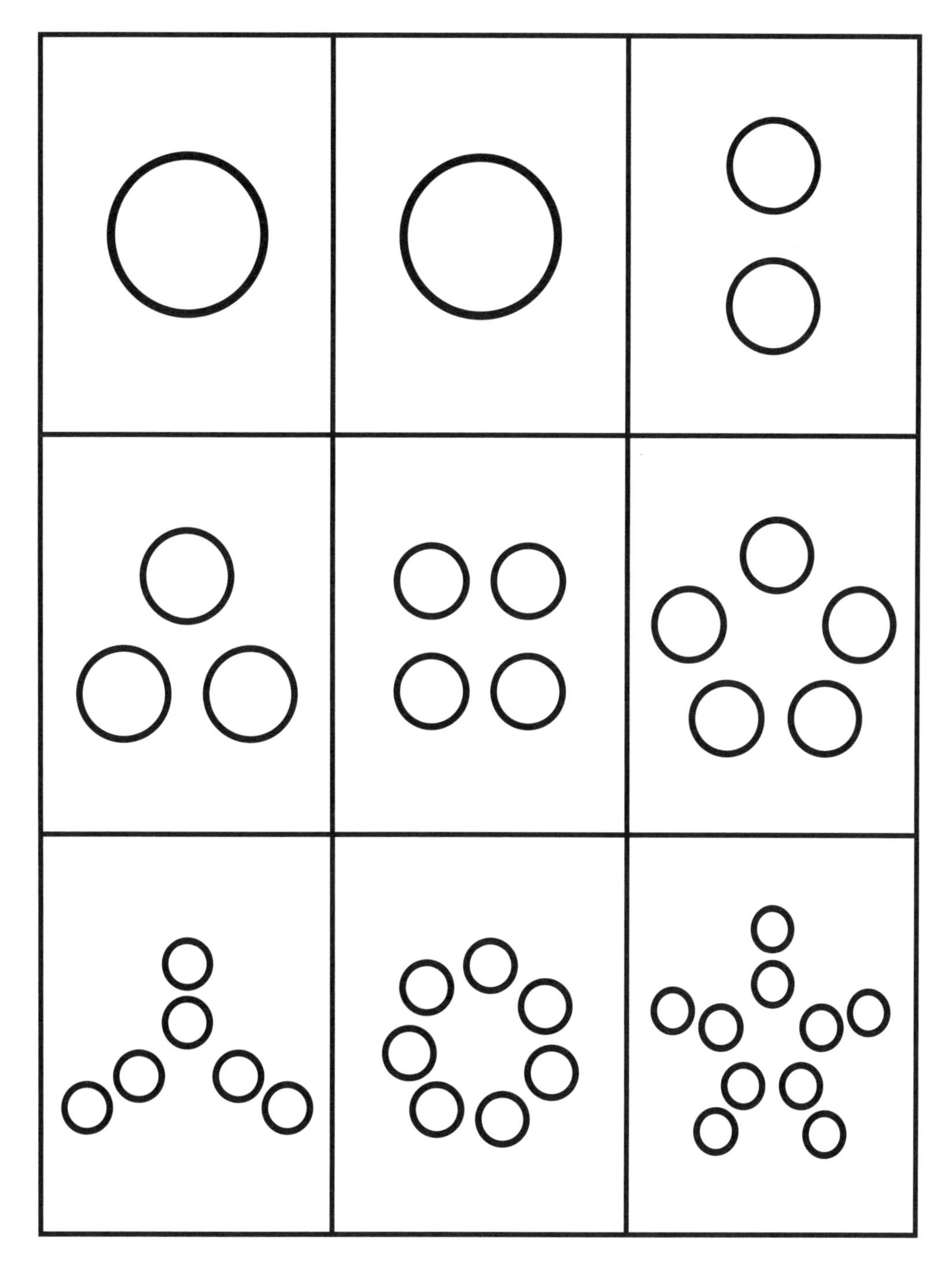

TABULEIRO DE JOGO 1

1	2	3	4	5	6
7	8	9	10	11	12
13	14	15	16	17	18
19	20	21	22	23	24
25	26	27	28	29	30
31	32	33	34	35	36

1. _____ x _____ = _____
2. _____ x _____ = _____
3. _____ x _____ = _____
4. _____ x _____ = _____
5. _____ x _____ = _____
6. _____ x _____ = _____
7. _____ x _____ = _____
8. _____ x _____ = _____
9. _____ x _____ = _____
10. _____ x _____ = _____
11. _____ x _____ = _____
12. _____ x _____ = _____
13. _____ x _____ = _____
14. _____ x _____ = _____
15. _____ x _____ = _____

TABULEIRO DE JOGO 2

1	2	3	4	5	6	7	8
9	10	11	12	13	14	15	16
17	18	19	20	21	22	23	24
25	26	27	28	29	30	31	32
33	34	35	36	37	38	39	40
41	42	45	46	48	49	50	51
52	54	55	56	60	63	64	65
69	70	72	73	75	77	80	81

1. _____ x _____ = ______
2. _____ x _____ = ______
3. _____ x _____ = ______
4. _____ x _____ = ______
5. _____ x _____ = ______
6. _____ x _____ = ______
7. _____ x _____ = ______
8. _____ x _____ = ______
9. _____ x _____ = ______
10. _____ x _____ = ______
11. _____ x _____ = ______
12. _____ x _____ = ______
13. _____ x _____ = ______
14. _____ x _____ = ______
15. _____ x _____ = ______
16. _____ x _____ = ______
17. _____ x _____ = ______
18. _____ x _____ = ______
19. _____ x _____ = ______
20. _____ x _____ = ______
21. _____ x _____ = ______
22. _____ x _____ = ______
23. _____ x _____ = ______
24. _____ x _____ = ______

TABULEIRO DE JOGO 3

37	3	9	13	27	19	22	48
10	31	39	45	15	81	60	28
17	34	20	21	18	30	23	14
38	72	27	69	29	40	31	32
33	12	1	36	11	26	50	2
41	64	80	16	4	49	55	42
52	75	5	56	7	63	6	65
35	70	18	8	13	77	54	51

1. _____ x _____ = ______
2. _____ x _____ = ______
3. _____ x _____ = ______
4. _____ x _____ = ______
5. _____ x _____ = ______
6. _____ x _____ = ______
7. _____ x _____ = ______
8. _____ x _____ = ______
9. _____ x _____ = ______
10. _____ x _____ = ______
11. _____ x _____ = ______
12. _____ x _____ = ______
13. _____ x _____ = ______
14. _____ x _____ = ______
15. _____ x _____ = ______
16. _____ x _____ = ______
17. _____ x _____ = ______
18. _____ x _____ = ______
19. _____ x _____ = ______
20. _____ x _____ = ______
21. _____ x _____ = ______
22. _____ x _____ = ______
23. _____ x _____ = ______
24. _____ x _____ = ______

QUANTO UM NÚMERO É FLEXÍVEL?

Visão geral

Nesta atividade, ampliamos o trabalho que os alunos já fizeram com as representações visuais numéricas e focamos na importância dos fatores para tornar os números úteis e flexíveis. Formar grupos iguais é a ideia central para a flexibilidade dos números e é uma maneira diferente de decompô-los daquela que os alunos geralmente usam.

Conexão com a BNCC*

EF04MA06, EF04MA11, EF05MA10, EF04MA07

Planejamento

Atividade	Tempo	Descrição/Estímulo	Materiais
Abertura	5 min	Pergunte por que alguns números são usados de maneira frequente em nosso cotidiano e outros não. Prepare a investigação sobre a flexibilidade dos números.	Opcional: embalagens ou fotos de produtos para mostrar aos alunos.
Explore	20+ min	Os alunos trabalham em pequenos grupos para determinar a flexibilidade relativa de um conjunto de números e os organizam em sequência.	• Cartas de partes visuais numéricas, em pequenos conjuntos para cada grupo. • Opcional: cubos, blocos, fichas ou outros materiais manipuláveis.
Discuta	25+ min	A classe trabalha em conjunto para construir de forma compartilhada um contínuo de flexibilidade. A discussão termina com o desenvolvimento de uma definição de flexibilidade.	• Uma linha na parede, com as extremidades identificadas como "inflexível" e "mais flexível". • Fita adesiva ou pinos de pressão para afixar os números.
Amplie	25+ min	Os alunos investigam um número (36-100) da sua escolha e determinam em que ponto colocá-lo no contínuo.	Papel adicional.

Para o professor

No trabalho que os alunos fazem para resolver os problemas, frequentemente identificam maneiras significativas e úteis de decompor os números. Essas maneiras algumas vezes utilizam grupos iguais, como quando os alunos separam 18 em dois grupos de 9. Mas frequentemente eles usam outras maneiras para decompor, como o valor posicional (18 = 10 + 8) ou compensação (18 = 20 – 2). Na atividade de hoje, o objetivo é que os alunos pensem sobre grupos iguais como uma maneira útil de decompor, e vejam esses grupos iguais como fatores. Você pode observar alguns alunos pensando simplesmente sobre as formas aditivas como um número pode ser decomposto – por exemplo, que 18 é 17 + 1, 16 + 2, 15 + 3, e assim por diante. Esse tipo de pensamento dificultará visualizar a flexibilidade dos números com base em fatores.

*N. de R. T.: No original, conexão com o CCSS: 4.OA.4 (ver nota na página 21).

Encoraje-os a pensar sobre o contexto da tarefa: por que alguns números são frequentemente usados para fazer embalagens de produtos, enquanto outros não o são? Você pode encorajá-los a desenhar essas embalagens como parte da sua investigação para ajudá-los a visualizar o que faz com que esses números sejam úteis e flexíveis. A flexibilidade pode frequentemente ser vista na organização dos objetos em série.

ATIVIDADE

Abertura

Inicie dizendo aos alunos que alguns números são muito usados em nosso cotidiano, e alguns raramente aparecem. No supermercado, eles podem notar que os ovos vêm em caixas de 12 e que a água engarrafada também é vendida em embalagens de 12. Faça as perguntas: por que não 11? Ou 13? Colete algumas ideias dos alunos sobre qual seria a razão.

O que torna um número tão flexível que pode ser usado de muitas maneiras diferentes? O que torna um número inflexível? Diga aos alunos que eles trabalharão juntos para investigar essas questões. A classe fará uma apresentação do quanto acha que esses números são flexíveis ou inflexíveis, usando evidências sobre cada um.

Explore

Os alunos trabalham em grupos e recebem um conjunto de números das cartas de partes visuais numéricas. Certifique-se de que cada grupo receba um conjunto diferente de números, uma mistura de números primos e compostos. Por exemplo, um grupo pode receber 2, 7, 8, 25 e 29. Assegure que cada grupo receba pelo menos um destes números: 8, 12, 16, 18, 20, 24, 30.

Os alunos trabalham juntos para investigar o quanto cada número é flexível. Você pode fornecer blocos, fichas, cubos ou papel adicional. Eles registram suas evidências da flexibilidade nas cartas numéricas ou no papel adicional.

A seguir, em cada grupo, trabalham para chegar a um consenso sobre como classificar a flexibilidade dos números que compõem o seu conjunto. Depois disso, organizam seus números em uma linha para mostrar o mais flexível, em uma das extremidades, e o mais inflexível, na outra. Eles podem decidir que alguns números são igualmente flexíveis. Seja qual for seu argumento, o grupo deve estar preparado para justificar suas conclusões.

Discuta

Reúna os grupos para criarem em conjunto uma apresentação no quadro ou em uma parede da sala de aula. Faça uma linha horizontal na parede com rótulos em cada extremidade para "inflexível" e "mais flexível". O objetivo dessa discussão é criar um contínuo de flexibilidade dos números, baseado em ideias em torno de fatores, múltiplos e primos. Os alunos precisam convencer a turma sobre onde os números que seu grupo investigou devem se posicionar nesse contínuo. Você poderá solicitar que cada grupo apresente um número de cada vez, convencendo a classe sobre onde seus números devem se colocar em relação àqueles que já foram posicionados. Os alunos podem concluir que alguns números precisam ser deslocados. Para deslocar um número, eles precisam convencer seus colegas de onde ele deve ser colocado. Como alternativa, você pode solicitar que cada grupo posicione um número, apresente seu raciocínio e responda aos questionamentos da turma. Alterne os grupos até que todos os números tenham sido apresentados e explicados e que os alunos cheguem a um acordo sobre eles.

Encerre a discussão elaborando uma definição da classe, baseada em tudo o que vocês discutiram, sobre quais qualidades definem "inflexível" e "mais flexível". Acrescente essas definições aos rótulos em seu contínuo.

Amplie

Agora, peça aos grupos para escolherem um número entre 36 e 100. Eles devem criar uma imagem numérica para esse número, investigar a sua flexibilidade e decidir onde ele deve ser colocado no contínuo da classe. Os grupos podem compartilhar esses números e justificar a sua alocação em uma segunda discussão. Você pode estabelecer o objetivo de encontrar um número particularmente flexível ou inflexível nessa ampliação.

Procure

- **Os alunos estão pensando multiplicativa ou aditivamente?** O objetivo desta atividade é pensar em como formar grupos iguais e nas muitas maneiras pelas quais você pode dividir um número em grupos iguais.
- **Os alunos estão focando no número de fatores que um determinado número tem?** Este é um critério para flexibilidade.
- **Os alunos estão percebendo que alguns fatores são eles mesmos compostos e alguns são primos?** Você pode querer sondar por que isso é importante para tornar números flexíveis ou não.

Reflita

Se você quisesse encontrar um número inflexível, como faria isso? Se você quisesse encontrar um número muito flexível, como faria isso?

CARTAS DE PARTES VISUAIS NUMÉRICAS

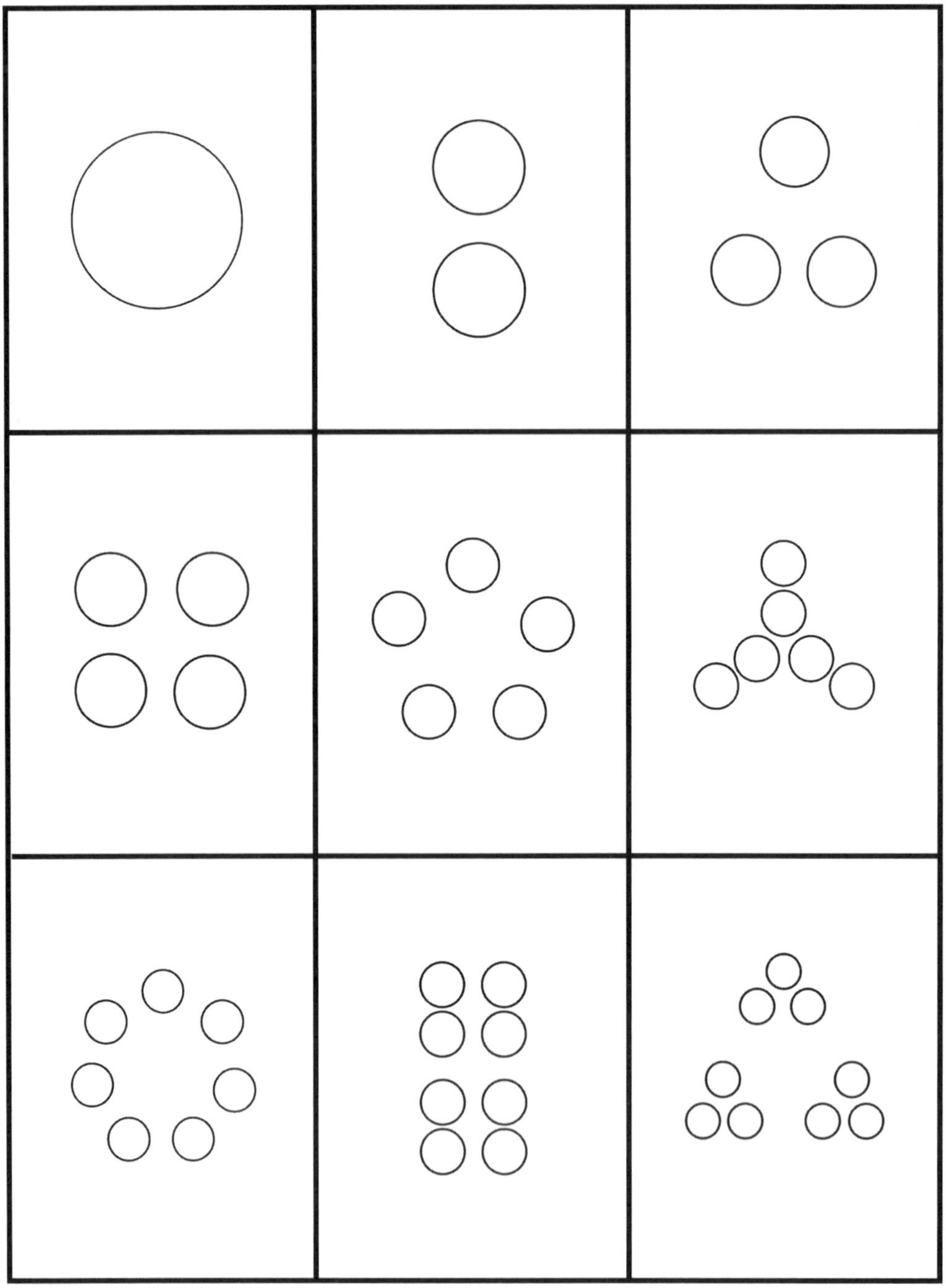

Mentalidades matemáticas na sala de aula: ensino fundamental, de Jo Boaler, Jen Munson e Cathy Williams.

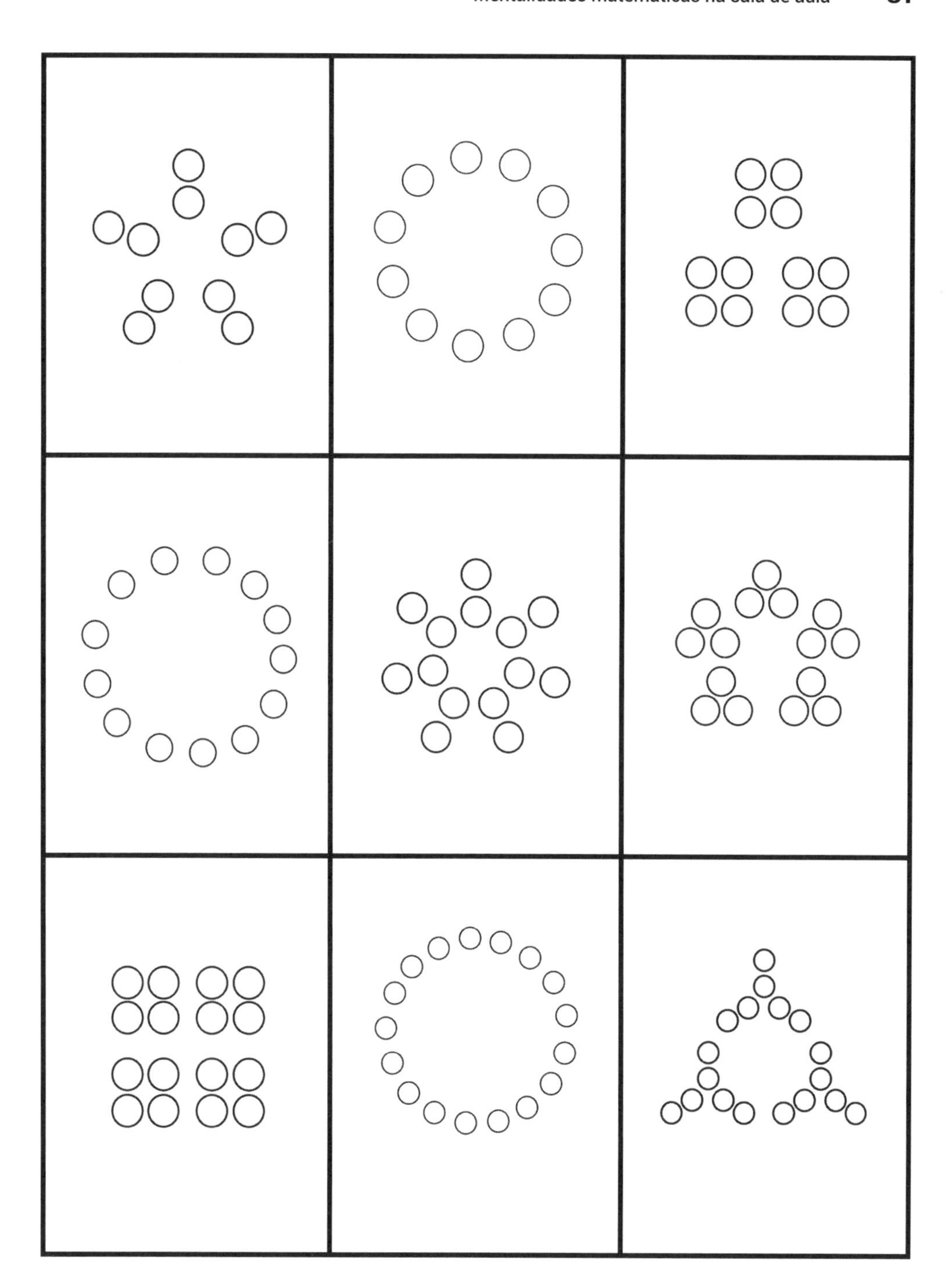

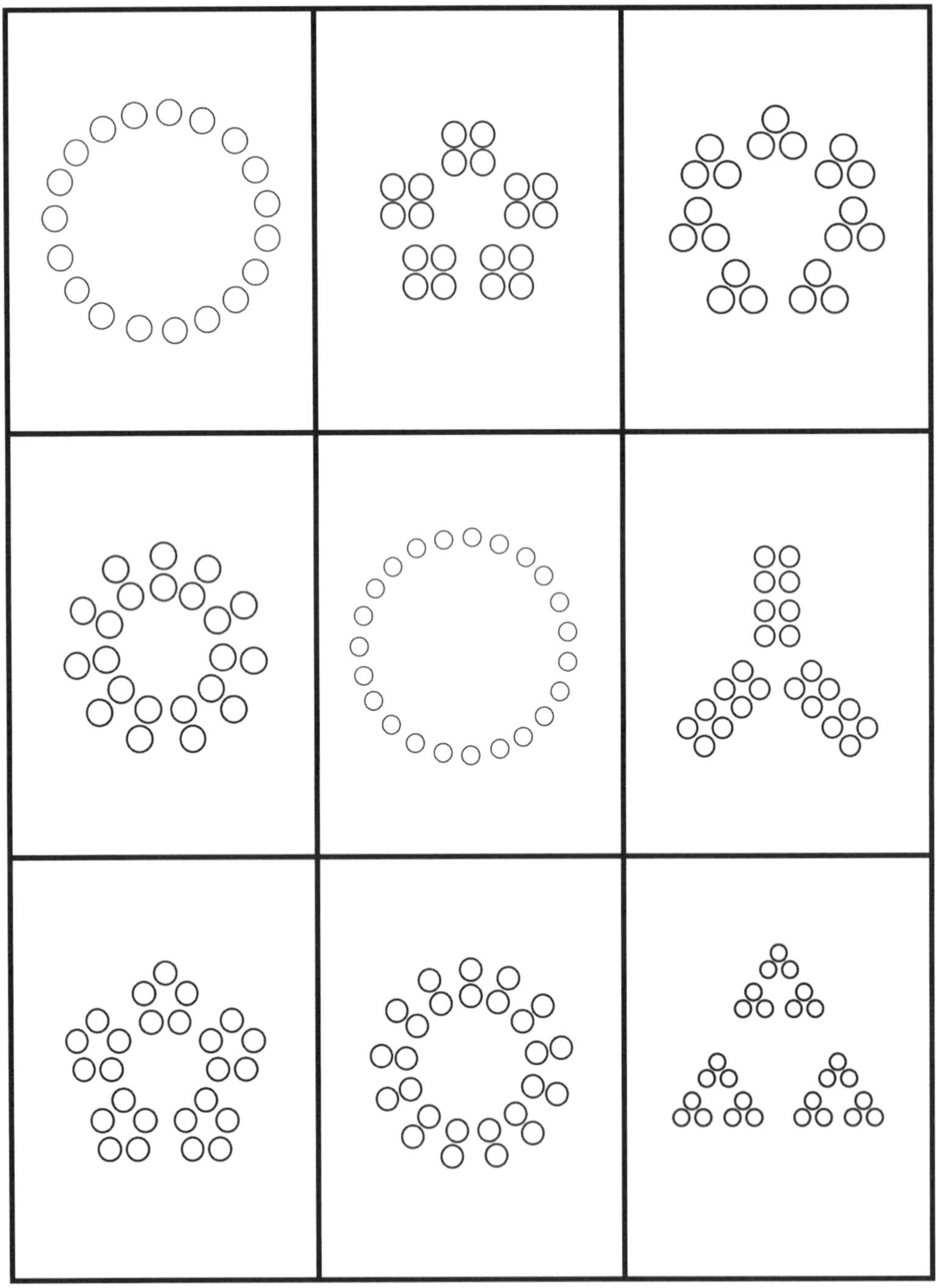

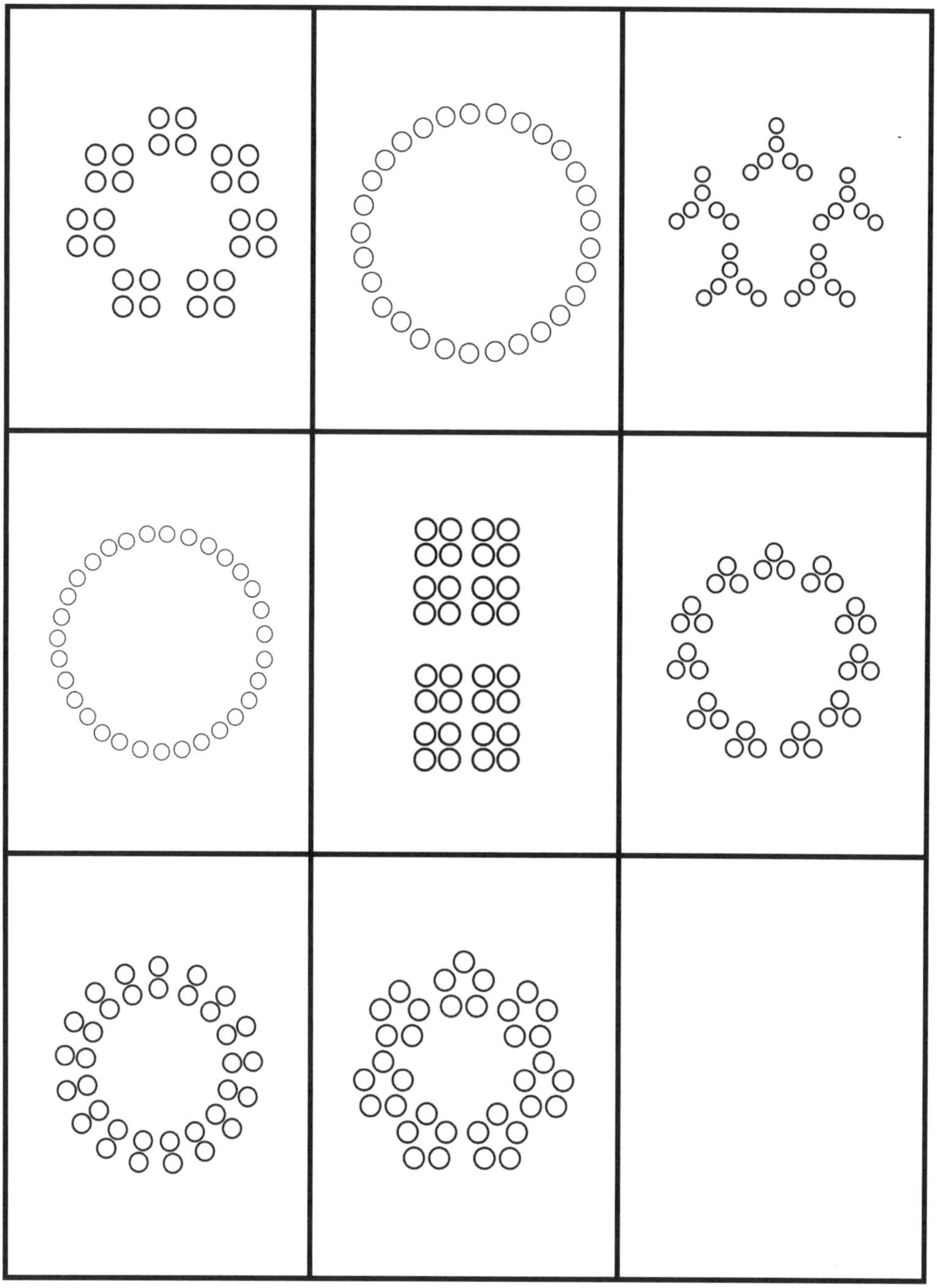

CONSTRUINDO E DESENHANDO COM FORMAS E ÂNGULOS

Paul Lockhart é um matemático que escreveu um artigo famoso intitulado "Lamentos de um matemático", no qual refletiu sobre a discrepância entre a matemática da escola e a da vida real. Esta última, argumenta ele, é artística e bonita, mas a primeira é mecânica, procedural e chata. Em seu livro *Measurement*,* Lockhart fala sobre o mundo imaginário da matemática, que é diferente do mundo real. No real, diz ele, os objetos se expandem em diferentes temperaturas, e qualquer medida é apenas uma aproximação. Mas, no mundo imaginário da matemática, todas as formas são perfeitas – você pode desenhar um círculo perfeito que poderá nunca encontrar na natureza, e pode preservar a ideia de um círculo perfeito em sua mente. Isso é o que os matemáticos amam na matemática: ela tem uma beleza simples. Lockhart (2012, p. 2) reflete que a matemática é: "[...] um lindo país das maravilhas de minha criação, e posso explorá-lo, pensar sobre ele e conversar sobre ele com meus amigos". A matemática que Paul Lockhart conhece é um mundo lúdico no qual ele encontra padrões e formas e é inspirado a formular perguntas e a conduzir uma investigação profunda. Nesta ideia fundamental, apresentamos aos alunos esse mundo maravilhoso, convidando-os a explorar diferentes formas, usando-as para formar padrões e mosaicos que os ajudam a ver as diferentes relações que são reveladas.

Na atividade **Visualize**, os alunos explorarão a construção de mosaicos olhando para alguns existentes no seu ambiente e depois compondo-os com diferentes formas. Esta é uma oportunidade para os alunos explorarem diferentes formas, conhecê-las e aprenderem o princípio matemático do mosaico. Eles também podem pensar e falar sobre os ângulos e as dimensões das formas enquanto consideram quais se encaixam e quais não.

Na atividade **Brinque**, os alunos são apresentados a um fenômeno matemático fascinante, denominado polígono replicante. Este é um tipo de forma que os matemáticos estudam e que fascina as crianças. Os alunos terão a oportunidade de explorar a criatividade enquanto examinam esse fenômeno matemático. Eles podem mais uma vez pensar sobre propriedades matemáticas como simetria, linhas paralelas e ângulos. É fascinante pensar que, para qualquer número natural acima de 1 (chamemos de n), existe um mosaico que pode ser montado onde n cópias das peças (polígonos) podem ser encaixadas para criar uma figura similar maior. Essa ideia deve despertar a curiosidade dos alunos e dar-lhes incentivo para encontrarem muitas formas diferentes que são polígonos replicantes.

Na atividade **Investigue**, os alunos encontrarão outro fenômeno matemático curioso: um polidiamante, que é uma forma composta de triângulos equiláteros. Podem ser feitos

*N. de R. T.: *Medida*, em tradução livre, ainda não publicado em língua portuguesa.

diferentes tipos de polidiamantes, e os alunos serão convidados a encontrar o máximo que conseguirem e a explorar novas formas por conta própria. Eles precisarão fazer registros organizados das formas que criam. Esta é uma oportunidade de ensiná-los a registrar, o que é uma parte importante de ser matemático. À medida que registrarem seus resultados de forma organizada, também começarão a ver padrões. Incluímos questões sobre perímetro e área. Se os alunos veem padrões como casas crescentes em que há uma forma na primeira caixa, duas na segunda, e assim por diante, você também poderá fazer conexões com multiplicação e divisão. Os alunos podem escolher um hexadiamante, por exemplo, e aumentar o número de formas a cada vez que o número de casas crescer. Então poderão determinar o número de triângulos equiláteros na 12ª casa, além do número da forma básica do hexadiamante. Essas atividades são desenvolvidas para proporcionar aos alunos – e a você – oportunidades de explorar livremente e ir além das questões que incluímos. Encoraje a criatividade e a exploração dos alunos e converse com eles sobre a criatividade e as oportunidades para investigação profunda dentro da matemática.

Jo Boaler

MONTE UM MOSAICO!

Visão geral

Nesta atividade, os alunos exploram quais formas podem compor um mosaico e quais não podem. Focando em como as formas se encaixam, os alunos começam a prestar atenção nos ângulos e nos lados.

Conexão com a BNCC*

EF04MA18

Planejamento

Atividade	Tempo	Descrição/Estímulo	Materiais
Abertura	5 min	Apresente aos alunos a ideia de mosaico usando imagens do ambiente escolar.	Fotos ou exemplos locais com mosaicos, incluindo um com uma única forma repetida e um com múltiplas formas.
Explore	30+ min	Os alunos exploram mosaicos com uma ou múltiplas formas, registrando seus resultados sobre quais formas os compõem e quais não os compõem.	• Uma série de formas, copiadas em uma cartolina e recortadas. Cada mesa ou grupo precisará de muitas cópias de cada forma. • Papel em branco.
Discuta	15 min	Os alunos compartilham seus resultados sobre as formas que compõem mosaicos e quais não compõem, e a classe discute o papel que os ângulos desempenham.	Fita adesiva, imãs ou pinos de pressão para afixar as conclusões dos alunos.

Para o professor

Esta atividade usa formas para revelar ideias sobre os ângulos e suas relações. Focamos na ideia de padrões geométricos, ou mosaico (*tiling*), também conhecido como tesselação, em que duas formas bidimensionais se encaixam repetida e infinitamente em um plano. Quando as formas compõem um mosaico, elas cobrem um plano sem lacunas ou sobreposições. Por exemplo, quadrados podem formar um mosaico (Fig. 2.1), assim como retângulos e muitas outras formas. Algumas formas não se encaixam entre si, como os octógonos regulares. Não importa como você posicione octógonos regulares, sempre

*N. de R. T.: No original, conexão com o CCSS: 4.MD.5 — Reconhecer ângulos como formas geométricas que são formados onde dois raios compartilham um ponto final em comum, e compreender os seguintes conceitos de medidas de ângulos: (a) um ângulo é medido com referência a um círculo cujo dentro se encontra nos pontos finais dos raios, considerando a fração do arco circular entre os pontos de intersecção dos dois raios. Um ângulo que rotaciona através de 1/360 de um círculo é chamado de "ângulo de um grau", e pode ser usado para medir ângulos. (b) um ângulo que rotaciona *n* vezes um grau possui a medida de *n* graus; 4.G.1 — Desenhar pontos, retas, segmentos de reta, raios, ângulos (reto, agudo, obtuso), e linhas perpendiculares e paralelas. Identificá-los em figuras bidimensionais; 4.G.2 — Classificar figuras bidimensionais na presença ou ausência de linhas paralelas ou perpendiculares, ou na presença ou ausência de ângulos de um tamanho específico. Reconhecer triângulos-retângulos como uma categoria e identificar triângulos retângulos.

haverá lacunas. Algumas vezes, duas ou mais formas juntas podem compor um mosaico, como octógonos e quadrados (Fig. 2.2). A formação do mosaico depende da soma dos ângulos em volta do vértice onde as formas se juntam. A soma deve ser igual a 360 graus – o número de graus em um círculo – para que as formas componham o mosaico em torno daquele ponto. É por isso que quadrados e retângulos, com ângulos de 90 graus, podem formar mosaicos facilmente, com quatro desses ângulos se juntando. Nesta atividade, os alunos começarão a explorar com seus próprios olhos e mãos como vários ângulos se encaixam – e não se encaixam.

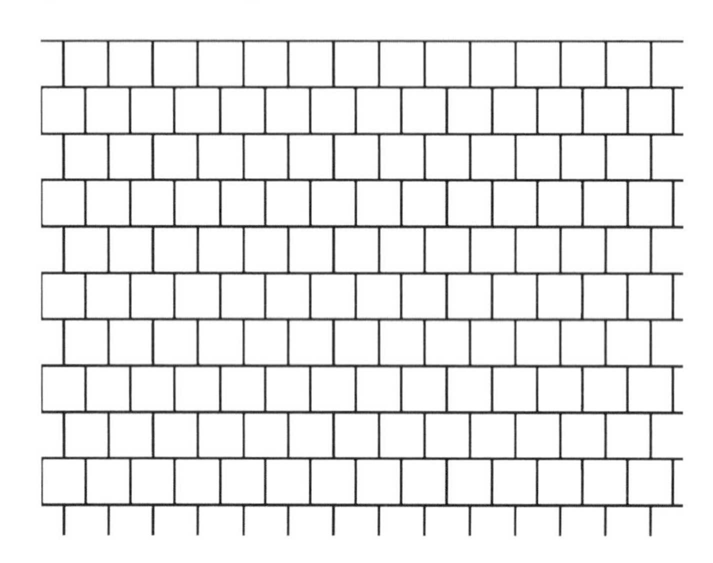

Figura 2.1 Mosaico com quadrados.

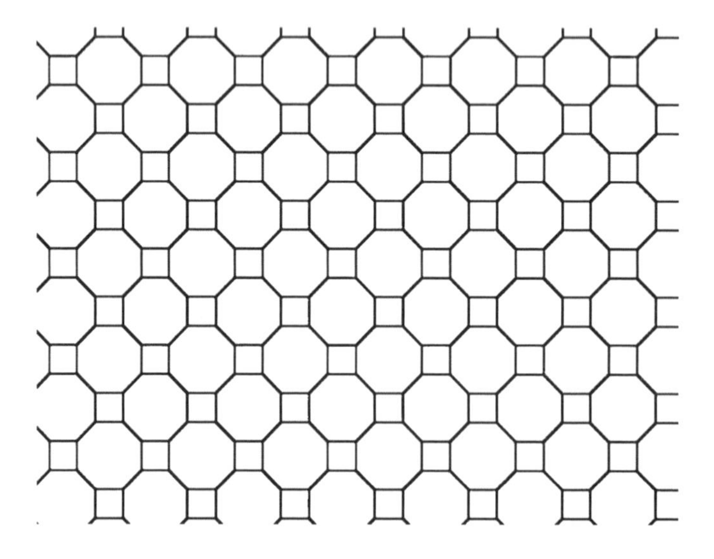

Figura 2.2 Mosaico com octógonos e quadrados.

ATIVIDADE

Abertura

Apresente aos alunos a ideia de mosaico compartilhando algumas fotos de pisos ou superfícies. Se sua escola tem pisos em mosaico, você pode incluir uma foto ou então todos saem juntos até o local para olhar. Pergunte aos alunos o que eles percebem sobre como as peças do mosaico se encaixam. Eles podem notar que elas se encaixam perfeitamente e que não se sobrepõem. Diga-lhes que chamamos cada uma das formas de ladrilho (*tile*), significando que elas se encaixam repetidamente sem lacunas ou sobreposições. Em matemática, dizemos que essas formas são uma tesselação quando cobrem uma superfície plana sem lacunas ou sobreposições. Algumas formas tesselam e outras não. Por quê? Hoje iremos explorar essa questão e ver o que podemos descobrir.

Explore

Os alunos trabalham em grupos para explorar e compartilhar os materiais. Forneça a cada grupo várias cópias do conjunto de peças e papel em branco para registrarem suas conclusões. Peça que usem as formas que estão em seu conjunto de peças para explorar as questões a seguir.

- Quais formas podem sozinhas compor um mosaico? Quais formas não podem?
- Quais grupos de formas podem juntos compor um mosaico? Quais não podem?
- O que acontece quando as formas não se encaixam para formar um mosaico?

Para cada desenho que os alunos tentam montar, eles devem registrar suas conclusões, identificando quais formas compõem um mosaico sobre uma superfície e quais não compõem. Se as formas estiverem impressas em uma cartolina, os alunos podem identificá-las e reutilizá-las. Caso contrário, podem usar fita adesiva, mas, nesse caso, precisarão trabalhar com mais cópias das formas.

Discuta

Retome a atenção do grupo de alunos, pedindo que tenham suas conclusões nos papéis. Você pode pedir que criem uma forma rápida de apresentação, organizando suas conclusões em categorias – por exemplo, formas individuais que compõem um mosaico, formas individuais que não compõem um mosaico, formas múltiplas que compõem um mosaico e formas múltiplas que não compõem um mosaico. Peça que os alunos examinem todos os resultados e pergunte: o que vocês observam?

Estimule-os a examinar as formas que não compõem mosaicos. Pergunte: o que aconteceu quando vocês tentaram formar um mosaico com elas? Eles provavelmente dirão que as formas não se encaixam. Encoraje-os a serem precisos sobre o que não encaixa. Esta é uma oportunidade de ter uma discussão muito rica sobre ângulos.

Se os alunos acharem que uma forma compõe um mosaico com outra forma particular, mas não com outras, concentre sua atenção nisso. Pergunte: por que vocês pensam que é assim? Esta é outra oportunidade para eles considerarem o papel que os ângulos desempenham na formação de um mosaico.

Procure

- **Os alunos parecem compreender o significado de montar um mosaico?** Estão tentando reunir as formas em padrões repetitivos ou simplesmente fazendo formas maiores (como uma casa)? Você pode rever com eles as figuras dos exemplos apresentadas no início da aula para atê-los aos objetivos da atividade.
- **De quantas evidências de que o padrão pode ser continuado os alunos parecem precisar?** Alguns alunos con-

seguem decidir rapidamente, com base em apenas algumas formas que se encaixam, quais delas podem compor um mosaico e quais não podem. Como eles podem ter certeza? Outros podem precisar ver o padrão se ampliar em todas as direções antes de decidir. Você pode sondar: quais são as pistas de que o padrão irá continuar?

- **Quando os alunos acham que algumas formas não podem compor um mosaico, pergunte o porquê.** Ouça a linguagem usada para indicar a parte da forma que não encaixa. Você poderá nomear essa parte como ângulo se eles estiverem tendo dificuldade para encontrar um nome. Você pode coletar a linguagem deles (por exemplo, "ponto", "ponta", "canto") para compartilhar com a turma na discussão e então conectá-la à ideia de ângulos.

Reflita

Por que você acha que algumas formas podem compor um mosaico e outras não?

CONJUNTO DE FORMAS

POLÍGONOS REPLICANTES MALUCOS*

Visão geral

Na atividade anterior, os alunos exploraram a formação de um mosaico sobre um plano. Nesta, focamos em formas especiais que, quando encaixadas, produzem a forma da unidade básica. Essas formas são chamadas de polígono replicante, os quais são interessantes para os matemáticos e oferecem aos alunos uma ideia criativa a ser explorada.

Conexão com a BNCC**

EF05MA17, EF04MA18

Planejamento

Atividade	Tempo	Descrição/Estímulo	Materiais
Abertura	10 min	Mostre aos alunos a representação visual de como as formas compõem um mosaico. Peça que discutam as semelhanças e as diferenças nos padrões que são apresentados. Você pode incluir uma discussão sobre simetria, a soma dos ângulos no vértice, linhas paralelas, linhas perpendiculares, etc. Uma pergunta a ser feita aos alunos é: estes padrões podem continuar?	• Representações visuais para Pavimentando o plano. • Cópia da folha de tarefas Polígonos Replicantes Malucos.
Brinque	20 min	Dê aos alunos a folha de tarefas Polígonos Replicantes Malucos e peça-lhes que trabalhem em grupos enquanto procuram outras formas semelhantes. A primeira tarefa será estudar o diagrama e determinar as características de um polígono replicante. Enquanto os alunos estão trabalhando, você poderá interrompê-los em um momento apropriado para uma discussão da classe para determinação da definição de um polígono replicante. Deixe que os alunos desenvolvam uma definição. Se eles forem desafiados, poderão usar a internet para ajudar.	• Folha de tarefas Polígonos Replicantes Malucos. • Opcional: moldes de blocos. • Papel pontilhado (ver o Apêndice). • Papel isométrico pontilhado (ver o Apêndice).
Discuta	10 min	Discuta com os alunos as estratégias que tenham desenvolvido e os desafios que enfrentaram ao tentar encontrar formas que sejam polígonos replicantes. Que estratégias usaram? Quais são as características desses polígonos?	

Para o professor

Nesta atividade, os alunos exploram formas geométricas que se encaixam e formam um mosaico semelhante à forma da base, o polígono replicante. Estas possuem diferentes quantidades de polígonos que estão baseados em quantos deles são necessários para formar

*N. de R. T.: No original, "Those Crazy Rep-Tiles". O termo *rep-tile*, polígono replicante, é um trocadilho para réptil.
**N. de R. T: No original, conexão com o CCSS: 4.MD.5, 4.G.1, 4.G.2 (ver nota na página 43); 4.G.3 – Reconhecer uma linha de simetria para uma figura bidimensional como uma linha que atravessa toda a figura, de modo que a figura possa ser dobrada ao longo da linha em partes correspondentes. Identificar figuras linearmente simétricas e desenhar linhas de simetria.

a primeira forma semelhante. Para um número natural $n > 1$, existe uma forma e que n cópias da forma podem ser encaixadas para criar uma figura semelhante maior. Na folha de tarefas Polígonos Replicantes Malucos, há formas que são apresentadas como exemplos. Cada uma delas tem um número de 4 polígonos replicantes. O número é 4 porque são necessárias quatro das formas para compor uma forma similar. Você e os alunos conseguem encontrar outras para outros números naturais?

ATIVIDADE

Abertura

Mostre à turma a representação visual Pavimentando o Plano. Nela, os alunos verão quatro exemplos de formas de tesselação, ou pavimentação do plano. Neste momento, você pode fazer perguntas como estas:

- o que significa dizer que uma peça se encaixa no mosaico?
- Quais são alguns exemplos de formas que não compõem um mosaico?
- Qual é a relação entre os ângulos de uma forma que podem compor um mosaico?
- Quais são as semelhanças e as diferenças nestes quatro exemplos?

Diga aos alunos que hoje eles brincarão com uma maneira diferente de encaixar as formas. Mostre a eles a folha de tarefas dos Polígonos Replicantes Malucos e pergunte como essas formas estão se encaixando. Você pode solicitar que falem com um colega sobre o que observam. Chame a atenção para como as formas se encaixam para compor uma outra semelhante, maior. Pergunte: como elas funcionam? Todas as formas criam um polígono replicante?

Brinque

Dê aos alunos a folha de tarefas Polígonos Replicantes Malucos e peça-lhes para jogarem com eles e testarem suas ideias fazendo seus próprios polígonos replicantes. Os alunos exploram as questões a seguir.

- Você consegue encontrar outros exemplos de formas que são polígonos replicantes?
- Quais são as características das medidas dos ângulos das formas que são polígonos replicantes?
- Quais são as características de um polígono replicante?
- Todas as formas são um polígono replicante?
- Os polígonos replicantes têm linhas de simetria?

Os alunos podem seguir em diferentes direções durante o tempo em que estudam os polígonos replicantes. Papel quadriculado e com pontos isométricos (ver o Apêndice) são boas opções para os alunos durante a exploração dessas formas.

Discuta

Depois que os alunos tiveram a chance de elaborar algumas ideias, reúna a classe para que possam discutir o que descobriram.

- Quais são as características de um polígono replicante?
- Vocês encontraram formas que precisavam de um número diferente de peças para montar uma forma similar? (Todos os exemplos da folha de tarefas precisaram de quatro peças para compor uma forma similar.)
- Que tipos de formas vocês exploraram?
- Que tipos de estratégias você inventaram para encontrar polígonos replicantes?
- Quantos polígonos replicantes vocês acham que são possíveis?
- Como vocês acham que polígonos replicantes são usados? Já encontraram algum exemplo deles fora da classe?

Procure

- **Os alunos se mantêm focados em formas comuns, como triângulos, quadriláteros, pentágonos ou hexágonos?** Eles começam a experimentar com formas não convencionais, como o exemplo em forma de L na folha de tarefas? Encoraje-os a explorarem polígonos regulares e irregulares. Alguns alunos podem se fixar nos tipos de formas que tipicamente vemos em blocos padrão, mas este conjunto de formas pode gerar conclusões errôneas. Estimule-os a testar suas ideias com polígonos irregulares.
- **Os alunos estão entendendo que formar um mosaico significa que os ângulos das formas que se unem em um vértice devem ser iguais a 360 graus?** Talvez eles não saibam ainda como medir os ângulos, mas podem comunicar a compreensão que estão desenvolvendo por meio de gestos até os vértices e circulando em torno do ponto para mostrar por que as formas se encaixam. Eles podem ter muitos termos de linguagem informal para falar sobre esse encaixe. Estimule-os a se tornarem mais precisos sobre o que querem dizer, mesmo que ainda não saibam medir os ângulos. É suficiente que consigam descrever como os ângulos se encaixam em torno de um ponto em um círculo.
- **Os alunos giram e invertem as formas ou as mantêm na mesma orientação?** Muitas formas podem criar polígonos replicantes, como com o hexágono em forma de L no exemplo, se as formas forem invertidas ou giradas para se encaixarem. Algumas vezes os alunos não pensam em usar essas transformações e se esforçam para imaginar como as formas parecerão quando giradas ou invertidas. Encoraje-os a recortar suas formas e a movimentá-las.

Reflita

Por que você acha que os matemáticos estudam polígonos replicantes?

PAVIMENTANDO O PLANO

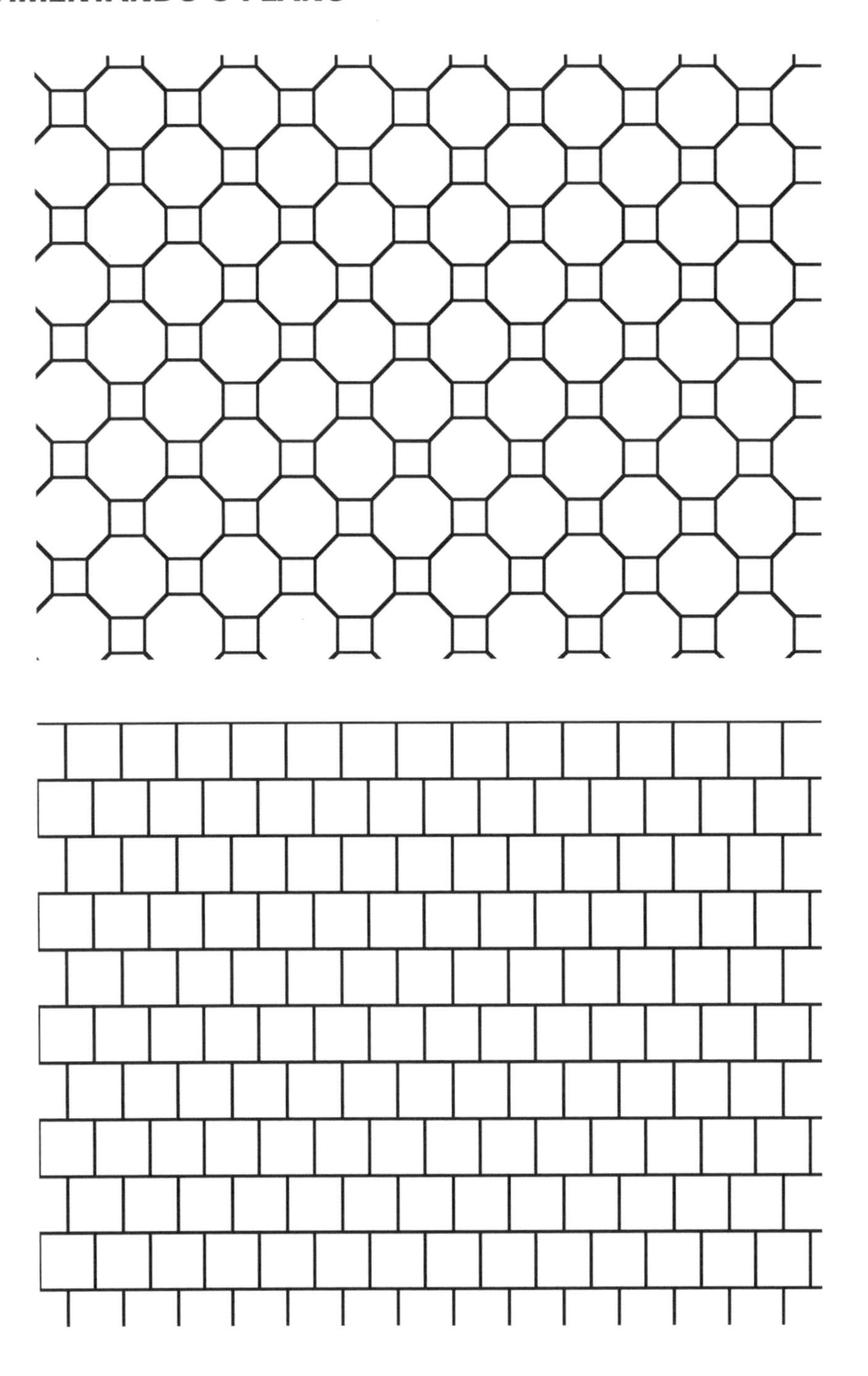

FOLHA DE TAREFAS POLÍGONOS REPLICANTES MALUCOS

Eis aqui algumas formas especiais que se encaixam, que são camadas de polígonos replicantes.

- Você consegue encontrar outros exemplos de formas que são polígonos replicantes?
- Quais são as características das medidas dos ângulos de formas que são polígonos replicantes?
- Quais são as características de um polígono replicante?
- Todas as formas são um polígono replicante?
- Polígonos replicantes têm linhas de simetria?

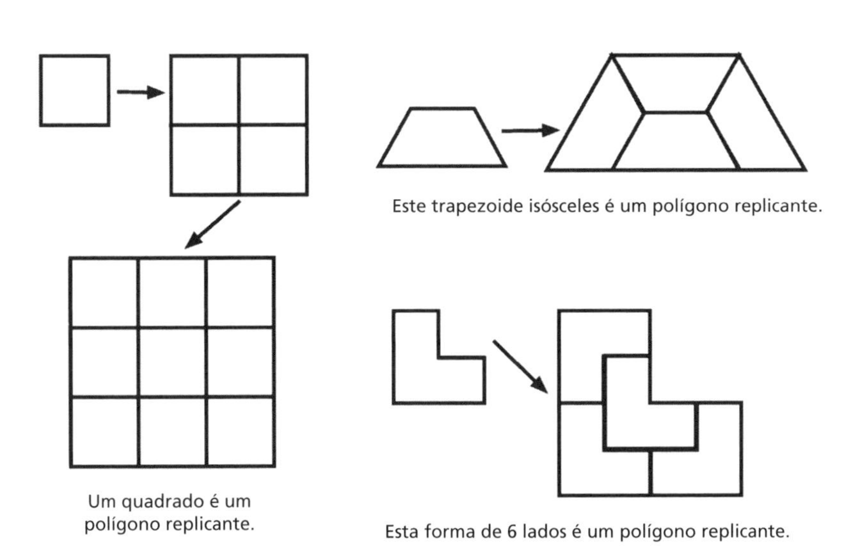

Um quadrado é um polígono replicante.

Este trapezoide isósceles é um polígono replicante.

Esta forma de 6 lados é um polígono replicante.

POLIDIAMANTES

Visão geral

Nesta investigação, os alunos exploram formas compostas de triângulos equiláteros, que são conhecidos como polidiamantes. Quantas formas diferentes você consegue fazer usando um determinado número de triângulos equiláteros? As formas que você fizer irão pavimentar um plano?

Conexão com a BNCC*

EF03MA15, EF04MA18

Planejamento

Atividade	Tempo	Descrição/Estímulo	Materiais
Abertura	10 min	Peça aos alunos que desenhem e nomeiem diferentes triângulos e discuta com eles suas características.	• Triângulo equilátero. • Triângulos do conjunto de blocos padrão ou recortados do conjunto de triângulos equiláteros.
Explore	20 min	Dê aos alunos a folha de tarefas Polidiamantes e peça que trabalhem em grupos para criar os polidiamantes. Os alunos podem desenhar as formas usando o papel pontilhado triangular e/ou podem construi-las recortando os triângulos que são fornecidos.	• Folha de tarefas Polidiamantes. • Papel isométrico pontilhado (ver o Apêndice). • Opcional: conjunto de triângulos equiláteros e tesouras, ou triângulos do conjunto de blocos geométricos.
Discuta	10 min	Discuta com os alunos as estratégias que desenvolveram e os desafios que enfrentaram quando tentavam encontrar formas que são polidiamantes. Que estratégias usaram? Quais são as características de um polidiamante? Como a área e o perímetro mudam quando trabalham com polidiamantes diferentes?	Gráfico e marcadores.
Amplie	30+ min	Use uma forma que não seja um triângulo equilátero para criar uma série de formas como polidiamantes. Como você sabe que já encontrou todas as formas?	• Folha de tarefas Polidiamantes, uma por dupla. • Papel quadriculado ou isométrico pontilhado (ver o Apêndice).

Para o professor

Um polidiamante é um grupo de formas no qual a forma da base é um triângulo equilátero. Nesta investigação, os alunos exploram os diferentes polidiamantes que são compostos de diferentes números de triângulos equiláteros. Trabalham para determinar todas as diferentes formas possíveis que podem ser feitas com 2, 3, 4, 5 e 6 triângulos equiláte-

*N. de R. T: Conexão com o CCSS: 4.G.1 e 4.G.2 (ver nota na página 43).

ros, que, quando unidos, devem compartilhar um lado; não podem ser unidos somente por um vértice. Esses polidiamantes são nomeados pelo número de triângulos equiláteros que podem ser usados para construí-los. Por exemplo, *mono*diamantes são feitos com uma forma, *di*amantes são feitos com duas formas, e assim por diante.

Pedimos que os alunos construam o máximo de formas *diferentes* que conseguirem com os diversos números de triângulos equiláteros. Para esta atividade, as formas são as mesmas se uma delas puder ser rotacionada ou virada e for congruente com a outra. Os dois hexadiamantes na Figura 2.3 são diferentes porque um deles não pode ser virado ou girado para que seja congruente com o outro.

ATIVIDADE

Abertura

Inicie relembrando os alunos do trabalho que fizeram com polígonos replicantes, no qual uniram cópias de formas para compor formas maiores e semelhantes. Nesta atividade, os alunos jogam com uma variedade de formas, como quadrados, triângulos e hexágonos em forma de L. Você pode perguntar o que eles aprenderam sobre os tipos de formas que compõem os polígonos replicantes. Diga a eles que hoje irão trabalhar com um tipo específico de forma. Mostre uma imagem de um triângulo equilátero e peça-lhes que se virem para um colega e conversem sobre o que observam a respeito dessa forma. Colete algumas observações dos alunos — eles provavelmente nomearão esta forma como um triângulo e podem observar que seus lados são do mesmo comprimento. Eles também podem observar que os ângulos são iguais. Por exemplo, se disserem que esse triângulo tem três lados iguais, peça que venham até o quadro ou gráfico para desenhar um que não tenha três lados iguais.

Diga aos alunos que hoje usarão cópias desse triângulo equilátero para fazer novas formas. Pergunte a eles: se vocês tiverem um destes triângulos, que formas conseguem fazer? E se tiverem dois? E se tiverem três deste triângulo, que formas vocês conseguem fazer? E se tiverem quatro? Cinco? Seis? Essas formas são denominadas *polidiamantes*. Você poderá pegar cinco ou seis triângulos de um conjunto de blocos geométricos e mostrar aos alunos algumas maneiras de fazer um polidiamante. Assegure-se de que os alunos entendam que devem unir as formas

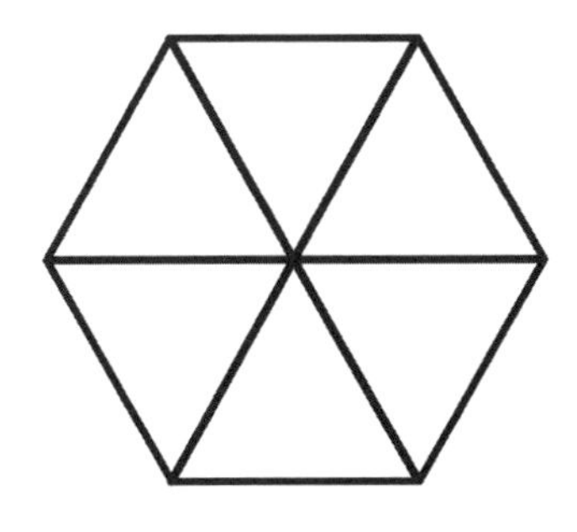

Figura 2.3 Dois exemplos do Grupo de Seis Triângulos, denominado Hexadiamantes.

pelos lados de modo que os lados se alinhem inteiramente. Diga-lhes que deverão tentar descobrir quantas formas diferentes podem fazer a partir das peças, e esclareça o que significa ser uma forma *diferente*.

Explore

Os alunos trabalham em duplas, usando uma folha de tarefas Polidiamantes e papel isométrico pontilhado (ver o Apêndice). Também poderão querer recortar cópias dos triângulos de uma folha que lhes é fornecida, ou podem usar triângulos equiláteros de um conjunto de blocos geométricos. Os alunos investigam as questões a seguir.

- Quantas formas diferentes você consegue fazer unindo dois triângulos equiláteros?
- E unindo três triângulos equiláteros?
- E unindo quatro, cinco e seis triângulos equiláteros?
- Como você sabe que já descobriu todos eles?

Os alunos também podem investigar o que poderia acontecer com mais formas. Saiba que o número de polidiamantes que podem ser feitos aumenta, e as formas se tornam ainda mais intrincadas. Encoraje os alunos curiosos que já investigaram usando até seis triângulos equiláteros a tentar fazer mais formas com sete, oito e nove triângulos.

Discuta

Reúna os alunos, em posse de seus achados, para discutir as questões a seguir. Faça um diagrama dos resultados em uma tabela depois que vocês tiverem concordado sobre quantos polidiamantes podem ser feitos para cada número de triângulos equiláteros.

- Quantos polidiamantes diferentes você encontrou usando 2, 3, 4, 5 e 6 triângulos equiláteros? Compartilhe exemplos de todos eles.
- Quais nomes você deu às suas formas?
- Como vocês sabem que já encontraram todas elas?
- Houve algumas mais difíceis de encontrar do que outras? Por quê?
- Você consegue formar um mosaico com um hexadiamante?
- Olhe para a mesa. Quantos polidiamantes você estima que poderiam ser feitos com sete triângulos? E com oito? Por quê?
- Como você acha que suas conclusões mudariam se usássemos um triângulo que não fosse equilátero?

Amplie

Use uma forma diferente de um triângulo equilátero para criar uma série de formas como polidiamantes. Como você sabe que já encontrou todas as formas possíveis? Sua forma compõe mais ou menos formas diferentes do que um triângulo equilátero? Ou ela compõe o mesmo número? Os alunos irão precisar de outra folha de tarefas Polidiamantes e papel adicional para desenhar. Dependendo das formas que criarem, poderão precisar de papel isométrico ou quadriculado (ver o Apêndice).

Procure

- **Os alunos registram seu trabalho de forma organizada?** Fazer um registro das possibilidades vai se tornando cada vez mais desafiador à medida que são usados mais triângulos equiláteros. Encoraje-os a pensar sobre como irão registrar e denominar as formas que fizeram para facilitar a sua contagem e para ver se elas são diferentes entre si.
- **Como os alunos registram as formas que encontraram?** Eles encontram formas que são congruentes, mas acham que são diferentes porque estão viradas ou rotadas? Alguns acham muito desafiador virar ou rotar

as imagens mentalmente e imaginar como elas serão depois de transformadas. Eles também poderão precisar manipular essas figuras manualmente para testar se são diferentes ou congruentes. Encoraje-os a girar seus papéis ou virá-los para baixo e segurá-los contra a luz. Eles podem se sair melhor construindo a partir de formas que consigam pegar e movimentar. Cada vez que os alunos constroem um novo polidiamante, devem testar se ele é verdadeiramente diferente.

Reflita

Quando você está encontrando formas compostas por outras formas, como pode saber que já encontrou todas elas?

REFERÊNCIA

LOCKHART, P. *Measurement*. Cambridge: Harvard University Press, 2012.

FOLHA DE TAREFAS POLIDIAMANTES

- Polidiamantes são um conjunto de formas únicas compostas pela tesselação com triângulos equiláteros. A tabela a seguir mostra os nomes dos diferentes polidiamantes.
- Quantas formas diferentes você consegue fazer tesselando com dois triângulos equiláteros?
- E com três triângulos?
- E com quatro, cinco e seis triângulos equiláteros?
- Como você sabe que já encontrou todas elas?

As formas feitas com a utilização de um determinado número de triângulos estão listadas a seguir. Você consegue determinar quantas formas diferentes podem ser feitas?

Polidiamante	Número de triângulos equiláteros	Número de formas que podem ser compostas
Monodiamante	1	
Diamante	2	
Tridiamante	3	
Tetradiamante	4	
Pentadiamante	5	
Hexadiamante	6	
Encontre algum por si mesmo		

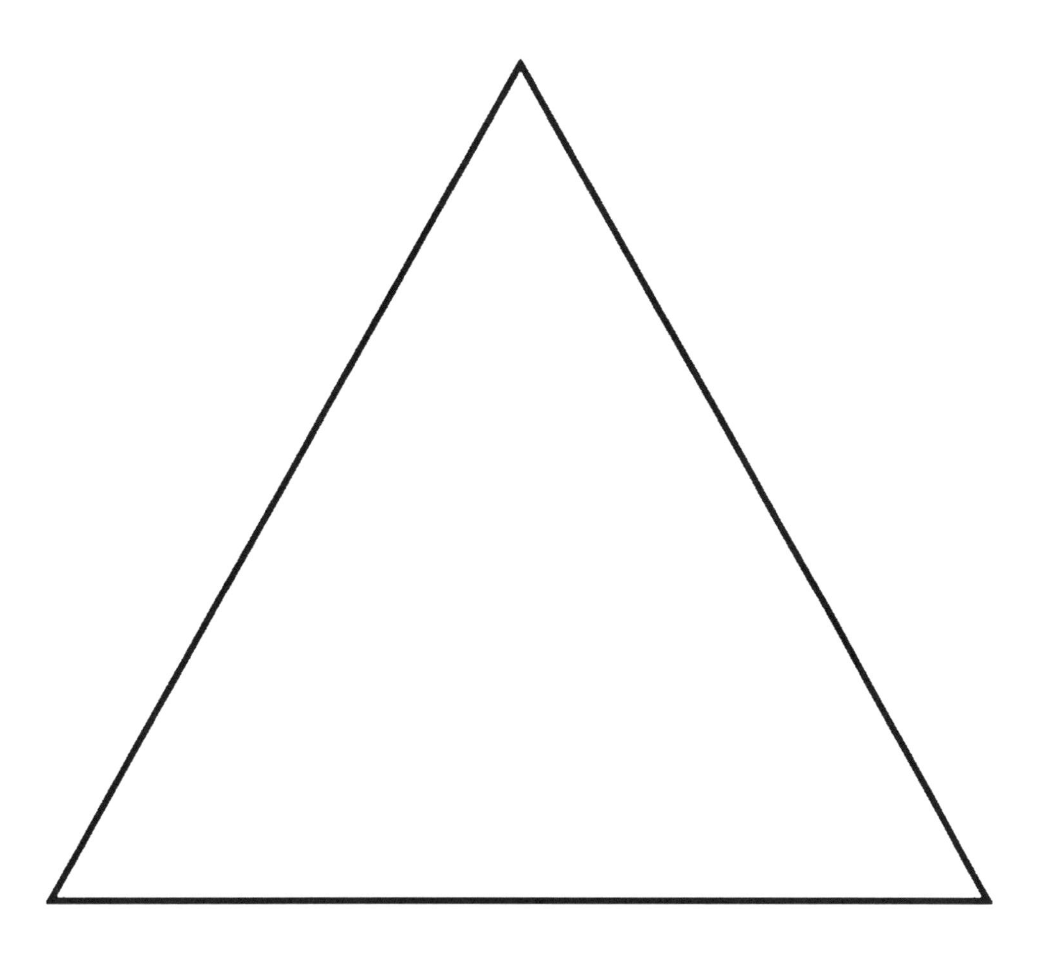

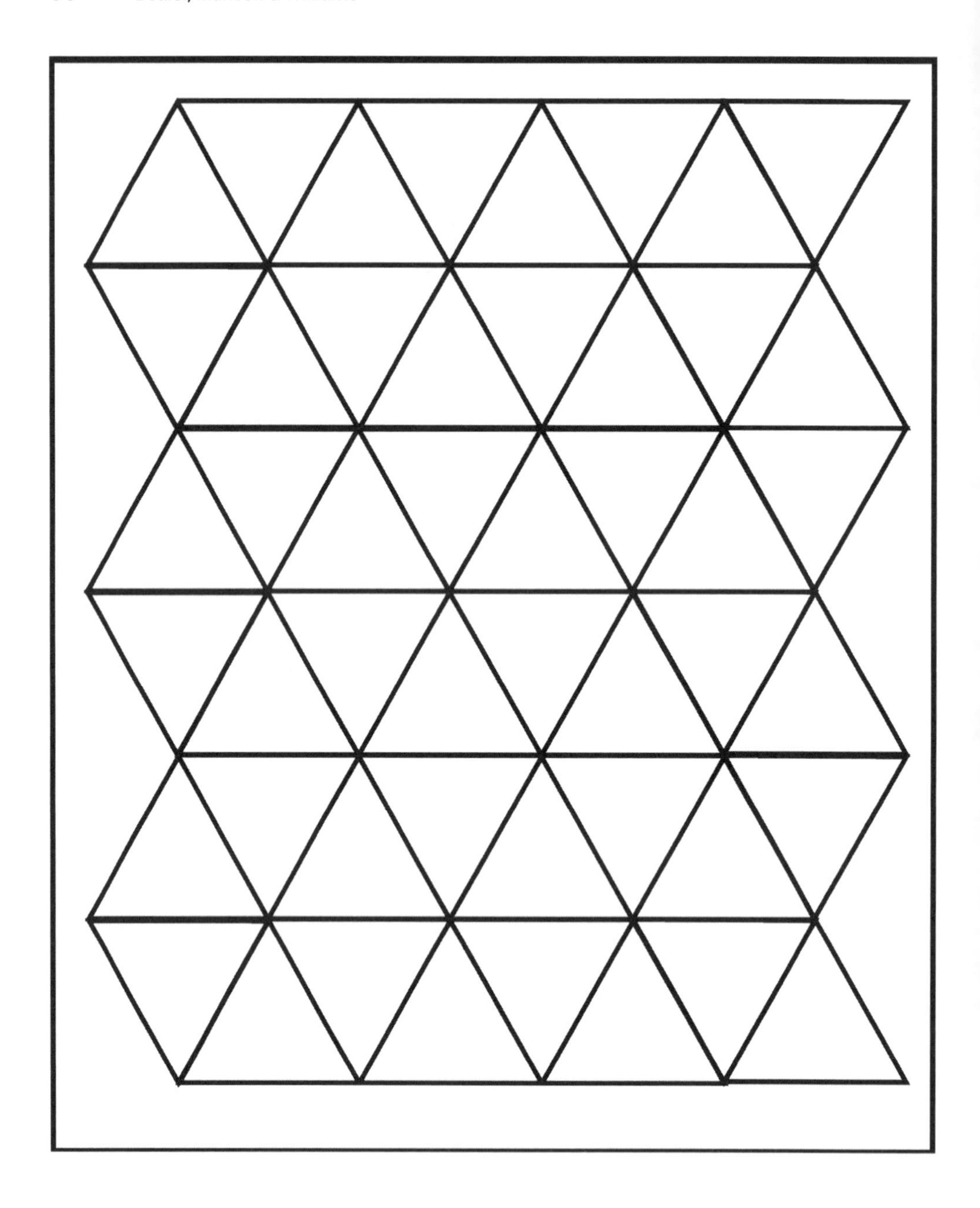

CRIANDO E NOMEANDO PADRÕES NUMÉRICOS

Se você pedir a crianças em idade escolar que definam matemática, elas irão falar de números, regras e métodos. Curiosamente, se você pedir a matemáticos que definam a matemática, muitos deles dirão que é "a ciência dos padrões". Acho que esta é uma afirmação realmente interessante, especialmente porque os matemáticos não estão falando de encontrar padrões particulares, como o da Figura 3.1, para estudar.

Eles estão falando sobre a maneira como abordam a matemática e o mundo, e como encaram cada relação matemática como um tipo de padrão. Eu gosto dessa maneira de ver a matemática. Veja esse exemplo: você pode mostrar aos alunos que toda a vez que você divide por um meio ($\frac{1}{2}$), o número resultante será duas vezes maior. Você pode afirmar isso como um fato ou pode encorajá-los a verem isso como um tipo de padrão, algo que sempre acontece, uma relação. Os estudantes que se aproximam da matemática como uma forma de busca por padrões – buscando os padrões que existem entre os números e as operações e vendo as consistências como uma forma de padrão, não como uma regra – geralmente a apreciam mais e começam a encontrar padrões ao seu redor.

Todas as atividades nesta ideia fundamental encorajam os estudantes a serem perseguidores de padrões e a apreciarem a sua beleza e o seu valor. Este pode ser um bom momento para conversar com os alunos sobre a importância dos padrões para a matemática e falar sobre matemáticos como Keith Devlin (2002) e seu livro *Matemática: a ciência dos padrões*.

Na atividade **Visualize**, os alunos explorarão um padrão muito famoso que existe por toda a natureza e na arte: a sequência de Fibonacci. Essa atividade oferece aos alunos a oportunidade não só de explorar o padrão numérico, mas também de visualizá-lo e serem solicitados a ampliá-lo e a fazer afirmações gerais a respeito. O ato de generalizar é central para a matemática, e essa é uma oportunidade para os alunos aprenderem a generalizar.

Na atividade **Brinque**, os alunos criarão seus próprios padrões a partir do seu conhecimento sobre o padrão Fibonacci. Isso lhes dará a oportunidade de pensarem por conta própria e a agirem com autonomia. Em muitos estudos sobre alunos aprendendo matemática, foi encontrado que aqueles que acreditam que têm agência – o poder de tomar as próprias decisões, de usar os próprios

     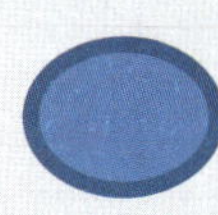 

Figura 3.1

pensamentos e ser autônomo – se envolvem de forma diferente com a matemática, desfrutam mais e aprendem mais efetivamente. Todos os estudantes em todas as idades precisam de momentos em que trabalham com autonomia, e as salas de aula de matemática frequentemente apresentam pouquíssimas oportunidades para tanto. Pedir aos alunos que criem os próprios padrões lhes proporciona um momento de agência, em que desfrutam o uso de sua própria criatividade, seu próprio pensamento e seu novo comportamento de busca de padrões.

Na atividade **Investigue**, os estudantes irão explorar um problema famoso de matemática até agora não resolvido, denominado Conjectura de Collatz.* Trata-se de uma sequência numérica que todos os alunos irão entender e que os matemáticos vêm tentando comprovar há décadas. Este pode ser um bom momento para conversar sobre prova e o que isso significa em matemática. Seus alunos podem pensar que experimentar alguns números e encontrar o mesmo resultado prova que algo acontecerá sempre, mas não é isso o que queremos dizer quando falamos em prova matemática. Em matemática, precisamos mostrar que alguma coisa é sempre verdadeira para que ela seja comprovada; uma comprovação algumas vezes pode ser um simples diagrama e algumas vezes um conjunto interligado de afirmações lógicas. Os matemáticos não conseguiram provar que essas sequências de números sempre chegarão a 1, embora ainda não tenham encontrado um exemplo que não chegue a 1. Você poderá apresentar a conjectura de Collatz como um desafio para os alunos: eles são capazes de encontrar um número que não chegue 1? Ninguém jamais conseguiu, mas quem sabe eles conseguem? Os alunos adoram ser desafiados.

Este também é um bom momento para apresentar aos alunos a linguagem das conjecturas. Uma conjectura em matemática é como uma teoria na ciência: é uma ideia que não foi comprovada. Na minha prática de ensino, compartilhei com os alunos que é realmente muito bom fazer conjecturas em matemática, e eles gostaram de aprender a palavra e usá-la. Essa palavra ajuda a dissipar a ideia errônea de que a matemática tem tudo a ver com certezas e ajuda os estudantes a verem que é muito útil sugerir ideias sobre as quais eles não têm certeza – fazer conjecturas.

Em sua investigação da Conjectura de Collatz, os alunos também serão encorajados a fazer suas próprias conjecturas e a levar suas explorações desse famoso exemplo a muitos níveis diferentes.

Os alunos também continuarão a associar a matemática com a natureza, como começaram a fazer em suas explorações do padrão de Fibonacci. Na investigação, eles irão aprender que a Conjectura de Collatz é conhecida como a "sequência de granizo", já que simula o comportamento de pedras de granizo. As diferentes conexões entre os matemáticos e a natureza que se tornam possíveis nas três atividades desta unidade inspirarão os estudantes a ver a matemática como útil e envolvente.

Jo Boaler

*N. de R. T.: No Brasil, também é conhecido como "O Problema de Collatz".

ENCONTRANDO FIBONACCI

Visão geral

Os alunos começam seu trabalho com padrões explorando a sequência de Fibonacci e encontrando conexões entre as representações numéricas e visuais do padrão.

Conexão com a BNCC*

EF04MA11, EF04MA12, EF03MA10

Planejamento

Atividade	Tempo	Descrição/Estímulo	Materiais
Abertura	10-12 min	Apresente a sequência de Fibonacci e convide os alunos a encontrarem o padrão. Apresente a espiral e peça aos alunos que a conectem com a sequência.	Sequência de Fibonacci no quadro ou em um pôster.
Explore	20+ min	Os alunos trabalham para encontrar conexões entre a sequência de Fibonacci e a Espiral de Fibonacci. A seguir, eles tentam ampliar a sequência e a representação visual.	• Espiral de Fibonacci, uma por dupla. • Papel quadriculado adicional (ver o Apêndice), tesoura, fita adesiva, compasso e réguas, quando necessário. • Lápis de cor.
Discuta	10-15 min	Discuta a conexão entre a sequência, a regra e a representação visual.	
Amplie	15+ min	Explore imagens da natureza para encontrar o padrão de Fibonacci.	Imagens de Fibonacci, uma ou mais para cada dupla.

Para o professor

O padrão de Fibonacci é uma sequência numérica famosa que foi inicialmente apresentada por Leonardo de Pisa, conhecido como Fibonacci, em 1202. A sequência começa com 1 e 1. A seguir, cada número depois destes é a soma dos dois números anteriores no padrão. Os primeiros números são 1 e 1, portanto, o próximo número é 2 (a soma de 1 e 1) e o seguinte é 3 (a soma de 1 e 2). O padrão pode continuar eternamente dessa forma, conforme apresentado na Figura 3.2. O padrão é particularmente poderoso porque é encontrado em toda a natureza, incluindo a estrutura das pinhas, o padrão das sementes em um girassol e o crescimento da população de animais. Uma imagem familiar de Fibonacci na natureza é a espiral da concha de um náutilo, ou espiral áurea, apresentada na Figura 3.3, na qual quadrados com comprimentos laterais

*N. de R. T.: No original, conexão com o CCSS: 4.OA.5 – Gerar um número ou formatar um padrão que siga uma determinada regra. Identificar características aparentes de um padrão para o qual não existam regras explícitas. Por exemplo: "Dada a regra 'adicione 3' e o número inicial 1, gere os termos da sequência resultante e observe que os termos parecem alternar entre números ímpares e pares. Explique informalmente por que os números continuarão a se alternar dessa forma".

Figura 3.2

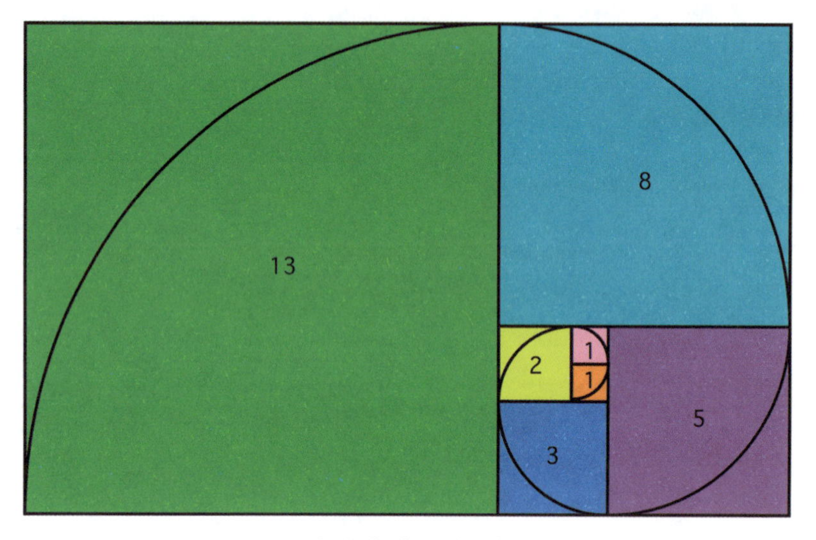

Figura 3.3

de Fibonacci são dispostos em uma espiral. Cada quadrado é colocado ao lado dos dois quadrados anteriores, fazendo do seu comprimento lateral a soma dos comprimentos laterais dos dois anteriores. Essa é uma representação do padrão de Fibonacci que iremos explorar nesta atividade.

ATIVIDADE

Abertura

Primeiro, queremos que os alunos tenham a oportunidade de examinar a sequência de Fibonacci numericamente e tentem identificar o padrão. Mostre aos alunos os sete primeiros números da sequência no quadro ou em um pôster: 1, 1, 2, 3, 5, 8, 13... Diga-lhes que esse é um padrão famoso que pode ser encontrado na natureza e que continuamos a encontrar cada vez mais exemplos dele em nosso mundo. Pergunte: o que está acontecendo nesse padrão? O que vocês observam? Vocês conseguem prever qual será o próximo número? Peça aos alunos para se juntarem com um colega e conversarem sobre essas perguntas. Peça-lhes que compartilhem suas ideias de uma forma que seja semelhante à estrutura de uma conversa numérica (HUMPHREYS; PARKER, 2015; PARRISH, 2010): que número vocês acham que vem a seguir e por quê? Escreva as ideias dos alunos no quadro ou em outra forma de registro juntamente com a linha de raciocínio. Agora compartilhe com eles a espiral de Fibonacci para os sete primeiros valores da sequência (Fig. 3.4).

Como essa figura mostra a sequência? Peça aos alunos para trabalharem com um colega ou em pequenos grupos para tentar combinar a figura com a sequência. Seja qual for a relação que encontrem, devem identificar a figura para que fique claro. Vocês conseguem ampliar a sequência de Fibonacci na figura? Com que números? Prossigam até onde seja possível.

Explore

Solicite aos alunos que trabalhem em duplas com cópias da folha da Espiral de Fibonacci para encontrar o padrão e ampliá-lo. Os alunos poderão usar cores para ver melhor cada quadrado e o padrão visual. Talvez precisem de papel quadriculado adicional (ver o Apêndice) para recortar e colar com fita adesiva se a espiral ficar muito grande. Encoraje-os a identificar o trabalho que fazem e a ampliar tanto a figura quanto a sequência numérica.

Discuta

Reúna os alunos para compartilharem e discutirem as questões a seguir.

- O que é a sequência de Fibonacci? Como ela funciona?
- Como a espiral representa a sequência?
- Como você pode prever o que virá a seguir usando a sequência? E usando a figura?

Peça aos alunos que compartilhem as formas como eles identificaram e ampliaram a espiral de Fibonacci. Você poderá abrir uma discussão sobre onde ocorre essa espiral na natureza e ver se eles conseguem reconhecer as possibilidades. Do que essa espiral faz você lembrar? Onde você poderia ver esse tipo de estrutura na natureza?

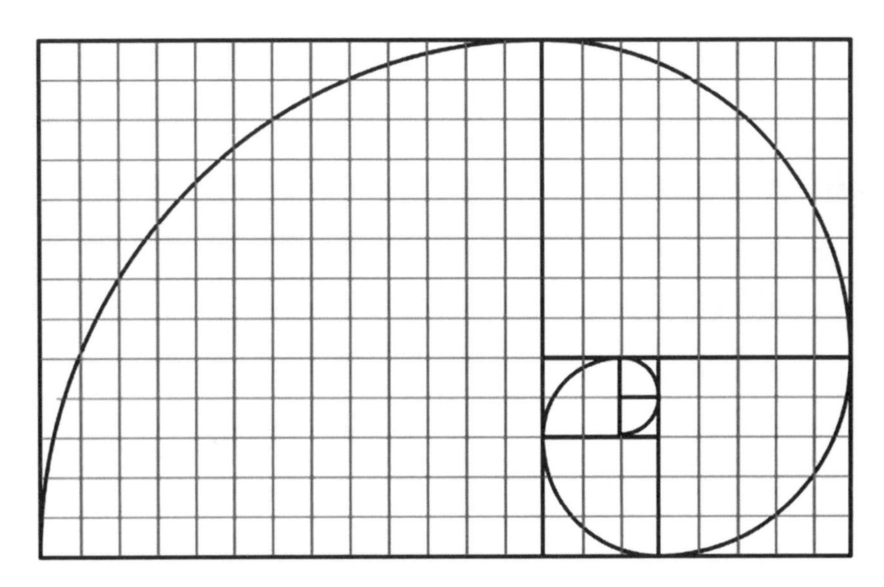

Figura 3.4

Amplie

Fibonacci aparece em muitos lugares na natureza, alguns dos quais podemos ver em fotografias ou diagramas. Compartilhe as fotos do girassol, da pinha e do cacto e peça que os alunos investiguem: onde está Fibonacci? Eles podem marcar em suas próprias cópias das figuras para contar, segmentar ou procurar o padrão. A Figura 3.5 mostra alguns exemplos de onde eles podem ver Fibonacci nestas fotos, mas há muitos mais que eles podem encontrar.

Procure

- **Os alunos estão atentando a como os números crescem?** Os alunos podem ter experiência somente com padrões repetitivos (como os padrões AB), mas os padrões que irão apoiar o pensamento algébrico são aqueles que crescem. Você poderá chamar a atenção para a mudança entre os membros do padrão. Os valores no padrão não crescem de forma consistente, como quando contamos de 5 em 5. Em vez disso, os saltos entre os números também estão crescendo porque cada número (ou quadrado) deve ser tão grande quanto os dois anteriores combinados. Todas estas estratificações dos padrões significam que é muito mais desafiador para os alunos verem e manterem um padrão como o de Fibonacci do que um padrão AB ou um padrão de contagem saltada.
- **Os alunos estão fazendo conexões entre a representação visual e os números?** Na espiral, os alunos podem ser tentados a focar na área dos quadrados que estão sendo criados, em vez de nos comprimentos laterais. Poderá ser necessário direcionar o foco para a pergunta: onde está a sequência nesta figura?
- **Os alunos estão rotulando sua figura de alguma forma que os ajude a focar na identificação de um padrão?** Os rótulos podem ajudá-los a construir os elementos seguintes na espiral, cada um dos quais precisa ser um quadrado para manter o padrão.

Reflita

Como o padrão visual o ajudou a entender a sequência numérica? Como a sequência numérica o ajudou a entender o padrão visual?

a. Fibonacci em uma pinha. Há 13 espirais.

b. Fibonacci em um girassol. Há 34 espirais.

c. Padrões de Fibonacci em um cacto.

Figura 3.5

Fonte: Shutterstock.com/Bringolo (a), Shutterstock.com/Viollar (b), Shutterstock.com/Heather Dillon (c).

ESPIRAL DE FIBONACCI

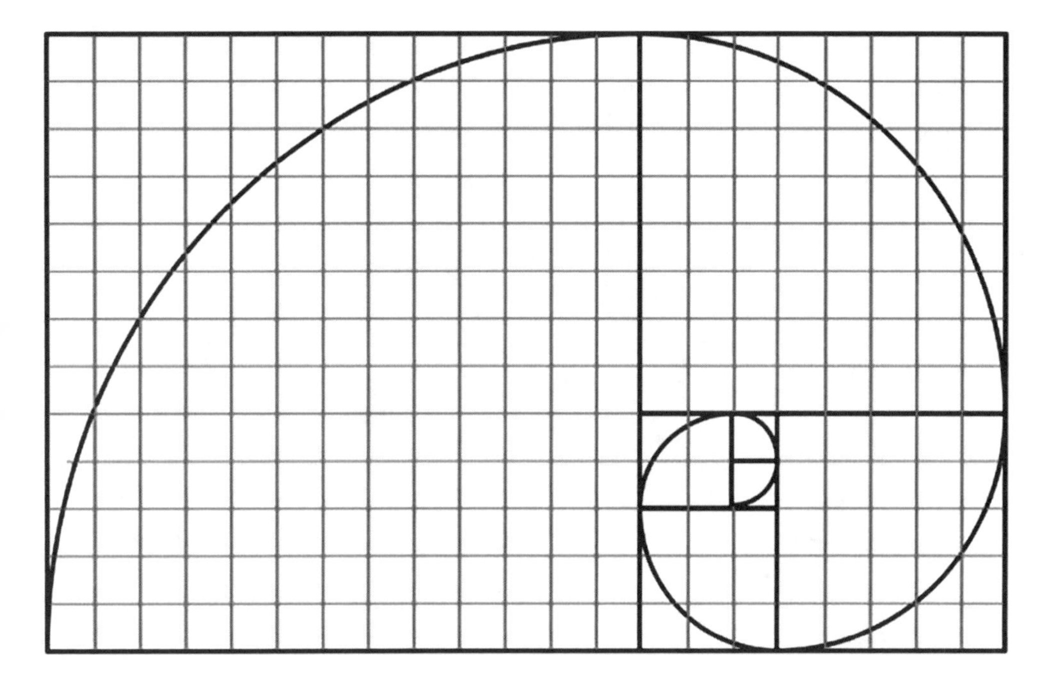

DESFILE DE PADRÕES

Visão geral

Os alunos ampliam seu trabalho com padrões numéricos e padrões visuais criando seus próprios padrões. Utilizamos esses padrões para realizar um desfile de padrões em que as crianças se envolvem com aqueles que os outros criam e tentam identificá-los e ampliá-los.

Conexão com a BNCC*

EF04MA11, EF04MA12, EF03MA10

Planejamento

Atividade	Tempo	Descrição/Estímulo	Materiais
Abertura	5 min	Lembre os alunos das duas maneiras como vimos os padrões de Fibonacci e estabeleça as expectativas para que criem seus próprios padrões em cartazes.	Modelo de um cartaz feito com o padrão de Fibonacci.
Crie	30+ min	Os alunos trabalham com um colega para criar seus próprios padrões com números e representações visuais em um cartaz para o desfile.	• Cartazes e canetinhas para cada dupla. • Deixar à disposição: réguas, papel quadriculado (ver o Apêndice), lápis de cor, tesoura e fita adesiva.
Brinque	30+ min	Os alunos encenam um desfile de padrões com os cartazes que criaram. Eles circulam pela sala para tentar entender e ampliar os padrões que os outros criaram.	• Cartazes com os padrões criados pelos alunos. • Pranchetas e papel ou cadernos em que os alunos trabalham enquanto circulam.
Discuta	20 min	Discuta como os alunos criaram seus próprios padrões e também aqueles diferentes que foram criados na classe.	Cartazes com os padrões criados pelos estudantes.

Para o professor

Esta atividade pode facilmente se estender por mais de um dia. Em particular, você poderá criar padrões em um dia e realizar o desfile e a discussão em um segundo dia. Você poderá pensar sobre qual estrutura de desfile funciona melhor para seus alunos e espaço de que dispõe. Apresentamos duas ideias nesta atividade, mas certamente outras formas são possíveis.

*N. de R. T.: No original, conexão com o CCSS: 4.OA.5 (ver nota na página 63).

ATIVIDADE

Abertura

Inicie a atividade lembrando aos alunos do trabalho que fizeram com Fibonacci. Um padrão numérico também pode ser representado com uma figura. Você poderá mostrar novamente a sequência de Fibonacci e uma espiral. Diga aos alunos que hoje criarão os seus próprios padrões numéricos e visuais e depois realizarão um desfile de padrões. Peça que trabalhem com um colega para criar padrões que podem ser apresentados tanto com números quanto com figuras. Alguns alunos podem decidir iniciar com a representação visual e traduzi-la em números; outros podem fazer o contrário. Qualquer uma das formas funciona bem. Para o padrão que os alunos criarem, peça-lhes que mostrem as duas representações em um cartaz sem descrever o que é. Diga que a classe irá usar os cartazes como jogos de padrões em um desfile. As perguntas que a classe irá fazer sobre cada padrão serão: o que vem a seguir? Como você sabe? Encoraje os alunos a pensarem criativamente com sua dupla, mas a manterem seu padrão em segredo para que forme um grande enigma para os outros.

Crie

Os alunos trabalham com os colegas para criar um padrão que possam apresentar com números e figuras. Peça aos alunos para fazerem um cartaz do seu trabalho que os outros possam usar como um enigma, perguntando: o que vem a seguir? Como você sabe? O cartaz deles pode ser parecido com o da Figura 3.6. Você pode encorajá-los a tornar isso o mais interessante e atrativo possível para que o jogo seja divertido, e, se quiserem, eles podem escolher

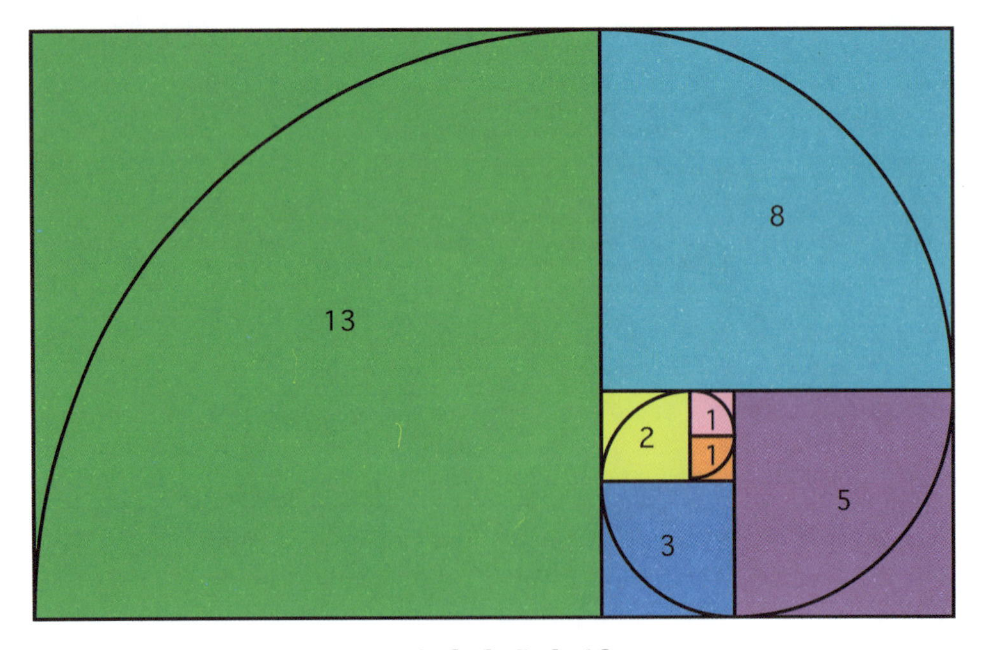

Figura 3.6 O que vem a seguir? Como você sabe?

um nome para seu padrão. Estimule-os a fazer suas representações visuais o mais precisas possível, para que o padrão seja claro. Ofereça recursos como réguas, papel quadriculado ou com grade (ver o Apêndice) e lápis de cor como um meio de apoio para obter essa precisão.

Brinque

Crie seu desfile. Há muitas maneiras de realizá-lo. Aqui estão apenas duas opções:

- **Estações de jogos.** Metade dos parceiros exibe seus cartazes na parede ou nas mesas. Eles devem ficar ao lado dos seus cartazes enquanto a outra metade da classe perambula pela sala, de cartaz em cartaz, tentando descobrir os padrões, trabalhando nas pranchetas ou em cadernos. Os colegas anfitriões podem conversar com os alunos sobre seus padrões e fazem as perguntas: o que vem a seguir? Como você sabe? O que você observa? Isso funciona para o padrão como um todo? Depois de 10 a 15 minutos, os papéis dos colegas devem ser trocados, e aqueles que estavam perambulando agora apresentam seus cartazes e os anfitriões agora têm a oportunidade de perambular.
- **Exposição em galeria.** Todos os alunos expõem seus padrões na sala ou no saguão. Todos os parceiros ficam ao lado do seu cartaz e depois circulam no sentido horário, seguindo até o cartaz seguinte. Reserve alguns minutos para que os alunos examinem o cartaz e tentem descobrir: o que vem a seguir? Como você sabe? Os alunos podem portar pranchetas ou cadernos onde trabalham e registram seu pensamento. Depois de alguns minutos, todos avançam até o cartaz seguinte. Os alunos podem ou não ser capazes de descobrir todos os padrões.

Discuta

Reúna os alunos para discutir alguns dos padrões que criaram e exploraram durante o desfile.

- Como você criou seu padrão? Qual foi seu processo?
- O que foi desafiador ao formar um padrão?
- Que tipo de padrões você viu? Há padrões que são semelhantes? O quanto são semelhantes? Quais padrões são muito diferentes? Por quê?

Você poderá focar a discussão em um padrão específico que foi difícil ou peculiar. Como alternativa, você pode comparar dois padrões que usaram regras muito diferentes. Você pode fazer perguntas como estas:

- O que vem a seguir? Como você sabe?
- Qual é a regra para este padrão? Como você o nomearia?
- O que torna este padrão diferente? Como descreveríamos essas diferenças?

Procure

- **Os alunos estão pensando criativamente sobre os tipos de padrões que criam?** Eles podem ser tentados a simplesmente reproduzir Fibonacci, mas queremos que pensem de formas diferentes. Se os alunos ficarem emperrados, você pode estimulá-los a trocar a forma como estão tentando gerar o padrão, trocando de números para padrões visuais ou vice-versa.
- **Os padrões se mantêm por toda a sequência?** Os alunos podem iniciar um padrão de uma maneira e trocar a regra em algum ponto da sequência. Faça perguntas que investigam como eles criaram cada elemento em seus padrões para garantir que mantenham a consistência.

- **As figuras e a sequência numérica realmente combinam?** Peça que os alunos mostrem como elas combinam, e foque na precisão no padrão, na figura e na explicação.
- **Os alunos conseguem descrever a regra?** Concentre-se em fazer os alunos articularem claramente a regra que criaram.
- **Os alunos estão checando as regras que identificam no trabalho dos outros?** Uma regra pode funcionar para dois elementos de um padrão, mas não para todos. Se este for o caso, a regra não representa acuradamente o padrão por inteiro, e os alunos devem voltar ao padrão para tentar novamente.

Reflita

Escolha um desses caminhos para explorar:

- Quando as pessoas vieram examinar seu padrão, como elas o descobriram? O que os outros observaram em seu padrão? Eles se basearam mais nos números ou na figura? Por que você acha que é assim?
- O que tornou seu padrão interessante para você? E para os outros? Se tivesse que criar outro padrão, o que você faria de forma diferente?

NÚMEROS DE GRANIZO!

Visão geral

Os alunos explorarão uma conjectura matemática não resolvida, denominada Conjectura de Collatz, relacionada a um tipo de sequência numérica. Eles formarão sequências numéricas usando estratégias de duplicação e de redução pela metade, desenvolvendo diagramas visuais para ilustrar suas sequências numéricas. Irão usar os diagramas visuais para fazer suas próprias conjecturas sobre este problema fascinante.

Conexão com a BNCC*

EF04MA11, EF04MA12, EF03MA10

Planejamento

Atividade	Tempo	Descrição/Estímulo	Materiais
Abertura	10 min	Mostre aos alunos como se forma o granizo. Apresente a eles uma conjectura matemática e o que significa para um problema ainda não ter sido comprovado.	Como se forma o granizo, para mostrar aos alunos.
Explore	30 min	Os alunos geram sequências de granizo e exploram os padrões gerados a partir das suas sequências. Generalizam seu padrão em uma conjectura e produzem uma apresentação visual do seu trabalho.	• Cartolinas ou folhas de cartazes, canetinhas para cada grupo. • Opcional: papel com grade (ver o Apêndice).
Discuta	15 min	Os alunos compartilham os resultados sobre seu trabalho e sintetizam os achados da classe em um ou mais grupos de conjecturas.	
Amplie	20+ min	Os grupos criam representações visuais para a conjectura da classe para comunicar suas evidências.	• Cartazes e canetinhas. • Papel com grade (ver o Apêndice).

Para o professor

Esta investigação se baseia na noção de uma conjectura matemática. Quando iniciar a aula, assegure-se de que os alunos compreendem o que é uma conjectura para que você possa usar essa linguagem ao longo da tarefa. Conjecturas são ideias que as pessoas têm sobre as conexões matemáticas. São ideias que não foram provadas; os matemáticos ainda não têm certeza de que são precisas para todas as possibilidades. Essencialmente, conjecturas também ainda não foram comprovadas como falsas, o que significa que ninguém encontrou ainda algum caso em que elas não funcionam. No caso

*N. de R. T.: No original, conexão com o CCSS: 4.OA.5 (ver nota na página 63).

de uma sequência de granizo, isso significa que, para todas as sequências que as pessoas tentaram, todas terminam em 1, conforme previsto pela Conjectura de Collatz. Ainda não sabemos se isso realmente será sempre assim ou se existe algum caso em que a sequência não termina em 1 (ou não termina de modo algum).

ATIVIDADE

Abertura

Inicie a aula mostrando aos alunos uma representação visual de como se forma o granizo (apresentado na Figura 3.7 e fornecido como imagem de página inteira no final do capítulo).

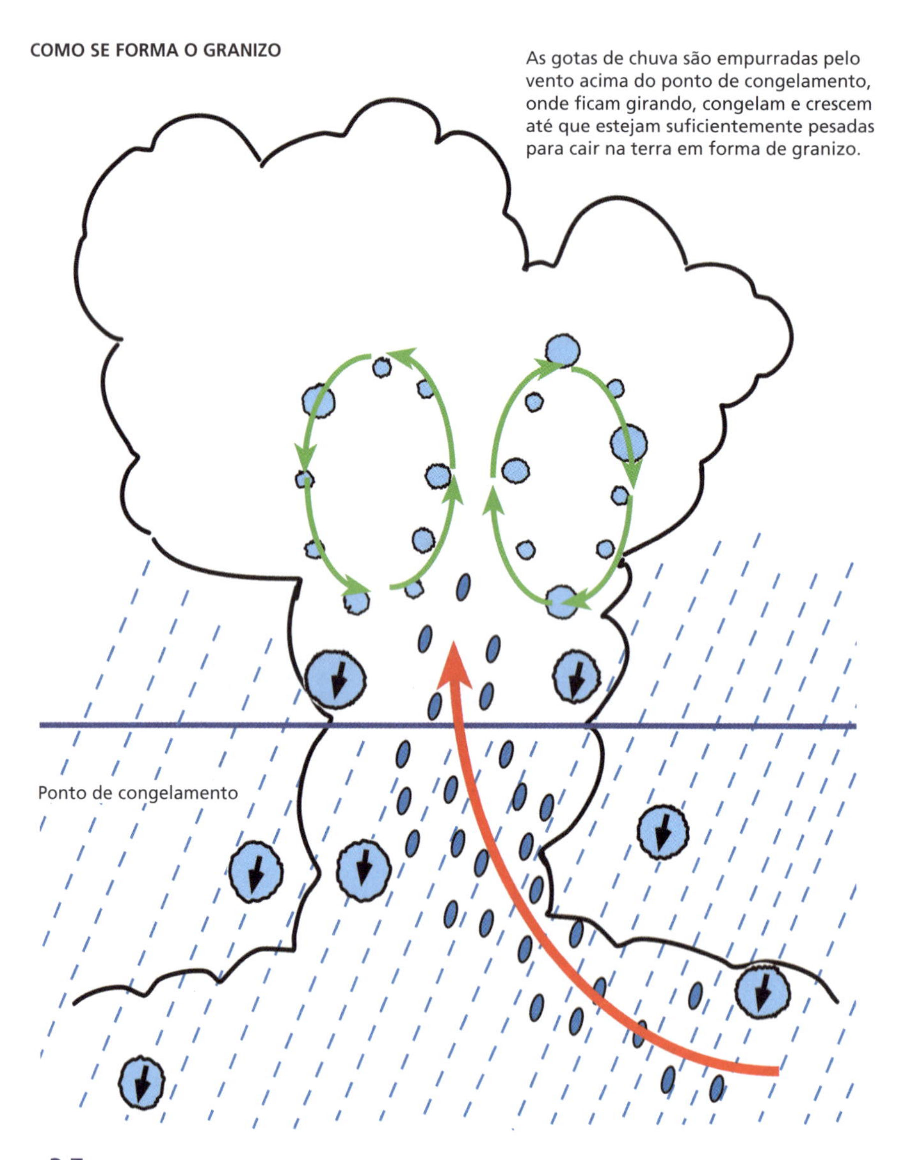

COMO SE FORMA O GRANIZO
As gotas de chuva são empurradas pelo vento acima do ponto de congelamento, onde ficam girando, congelam e crescem até que estejam suficientemente pesadas para cair na terra em forma de granizo.
Ponto de congelamento

Figura 3.7

As pedras de granizo têm início em uma nuvem como gotas de água da chuva, depois são empurradas pelo vento mais para o alto na atmosfera, onde congelam, algumas vezes por diversas vezes, antes de acabarem caindo de volta na terra. As sequências numéricas em que os alunos irão trabalhar hoje foram denominadas sequências de granizo porque compartilham as mesmas características do comportamento do granizo.

Uma sequência de granizo segue as seguintes regras:

- iniciam com um número inteiro;
- se o número for par, divida-o por 2 (ou pela metade);
- se o número for ímpar, multiplique-o por 3 e acrescente 1;
- continue gerando números dessa maneira até que a sequência termine.

Este é um exemplo de uma sequência de granizo: 20, 10, 5, 16, 8, 4, 2, 1.

Como termina uma sequência de granizo? Essas sequências são um problema na matemática que ainda não tem comprovação. Existe uma conjectura criada por Lothar Collatz, denominada Conjectura de Collatz, que afirma que todas essas sequências terminam em 1. Entretanto, isso ainda não foi provado, portanto, ela ainda é uma conjectura. Os alunos irão estudar essas sequências e inventar suas próprias conjecturas – ideias com evidências que podem ser usadas para fazer previsões –, as quais compartilharão com a classe. Pergunte aos alunos se conseguem encontrar algum caso que não termine em 1. Diga-lhes que você irá lhes perguntar mais tarde por que essas sequências são denominadas sequências de granizo.

Explore

Os alunos trabalham em duplas ou em pequenos grupos para gerar sequências de granizo. Eles devem tentar vários números iniciais diferentes para ver o que acontece com a sequência. Peça que investiguem os padrões das suas sequências e façam uma conjectura sobre o que descobrirem.

Cada grupo deve fazer um cartaz para apresentar suas sequências numéricas e os resultados. Ele deve incluir uma apresentação visual das sequências que os alunos investigaram, o que pode incluir uma figura, ilustração, linha de números, gráfico ou alguma outra forma de representação visual das sequências para que possamos ver melhor o que acontece com elas. O cartaz também deve incluir a(s) conjectura(s) do grupo sobre o que acontece nesses padrões e como eles terminam.

Discuta

Peça para cada grupo apresentar seu cartaz com as conjecturas, sequências numéricas e representações visuais. Enquanto os alunos apresentam, peça que a classe fique atenta a evidências em cada cartaz que sejam semelhantes ou diferentes do trabalho do seu respectivo grupo. Os alunos devem prestar atenção a como todas as ideias e evidências apresentadas pelos grupos combinam ou entram em conflito.

Depois que todos os grupos fizeram as apresentações, lidere uma discussão relativa à generalização de todos os resultados, formando uma conjectura da classe.

- Com o quê concordamos? Que evidências temos, como grupo, que apoiam nossas ideias?
- Com o quê discordamos? Que evidências encontramos que parecem estar em conflito? Como podemos resolver isso? Precisamos de evidências adicionais?
- Como podemos revisar nossas conjecturas, formando uma que seja da classe sobre as sequências de granizo?

Amplie

Os alunos podem trabalhar em seus pequenos grupos para criar uma representação visual da conjectura da turma. Eles devem considerar as questões a seguir.

- Como você poderia comunicar nossa conjectura a alguém que ainda não aprendeu sobre as sequências de granizo?
- Que evidências você poderia apresentar para tornar a conjectura mais clara e convincente?
- Como você pode tornar visíveis suas evidências? Que tipos de apresentação visual ou características você achou mais úteis ou convincentes nas apresentações da classe? Por quê?

A classe pode usar essas perguntas para criar uma apresentação ou um painel da sua conjectura sobre a sequência de granizo, incluindo como elas funcionam, a conjectura e as evidências em todas as formas. As exibições do trabalho matemático compartilhado criado pelos alunos podem ser maneiras úteis de transmitir para os outros – colegas, alunos e pais – como é o rico pensamento matemático. Conjecturas como essas convidam os outros a participarem lançando questionamentos e ponderações sobre as evidências.

Procure

- **Os alunos geram sequências de granizo com precisão e acurácia?** Um primeiro passo essencial na investigação desses padrões é a geração acurada de uma sequência de granizo. Os alunos precisarão determinar os números pares e os ímpares e trabalhar com a divisão pela metade e a multiplicação por 3. Alguns podem se beneficiar da explicação desse padrão diretamente com blocos ou um papel com grade (ver o Apêndice), o que também irá ajudar a criar as representações visuais.
- **Os alunos organizam seu trabalho em um formato que corrobora a comparação dos resultados?**
- **Não deixe de perguntar aos alunos como eles irão organizar o que estão encontrando.** Há muitas maneiras pelas quais os alunos podem decidir acompanhar cada padrão, mas a consistência será importante para a comparação. Eles podem querer simplesmente registrar as sequências como números, mas isso pode mascarar a forma dos padrões. Você pode encorajá-los a fazer suas representações visuais antes de comparar.
- **Os alunos sintetizam seus resultados em uma conjectura acurada?** Eles precisarão refletir sobre as várias sequências para chegar a uma conjectura. Depois precisarão se basear em evidências nas suas sequências que apoiam suas ideias, e precisarão investigá-las em relação a contraexemplos. Depois que o aluno achar que tem uma conjectura, você pode encorajá-lo a testá-la por meio da criação de uma sequência adicional para ver se ela apresenta o resultado esperado.
- **Os alunos constroem uma apresentação visual acurada e criativa das suas sequências levando a evidências visuais para uma conjectura?** As apresentações visuais que os alunos criam são a chave para encontrar padrões entre as sequências. Gráficos de linhas tendem a ser particularmente úteis, porém, muitos outros tipos de exibições podem funcionar: gráficos de barras, saltos em uma linha numérica, pilhas de blocos ou alguma outra coisa que os alunos inventem. Diferentes tipos de rótulos de identificação ou codificação com cores também podem ajudar na busca de padrões. Pergunte aos alunos o que os ajudaria a ver o que está acontecendo em suas sequências e encoraje-os a experimentar ideias diferentes. Eles podem descobrir que suas ideias iniciais se beneficiariam de uma revisão. Foque na utilidade da representação visual para os alunos. Ela

deve ser uma ferramenta efetiva. Você pode perguntar: o que tornaria essa exibição mais útil para você?

Reflita

Por que você acha que estas sequências numéricas são chamadas de sequências de granizo?

REFERÊNCIAS

DEVLIN, K. *Matemática:* a ciência dos padrões. Porto: Porto Editora, 2002.

HUMPHREYS, C.; PARKER, R. *Making number talks matter:* developing mathematical practices and deepening understanding, grades 4–10. Portland: Stenhouse, 2015.

PARRISH, S. *Number talks:* helping children build mental math and computation strategies, grades K–5. Sausalito: Math Solutions, 2010.

COMO SE FORMA O GRANIZO

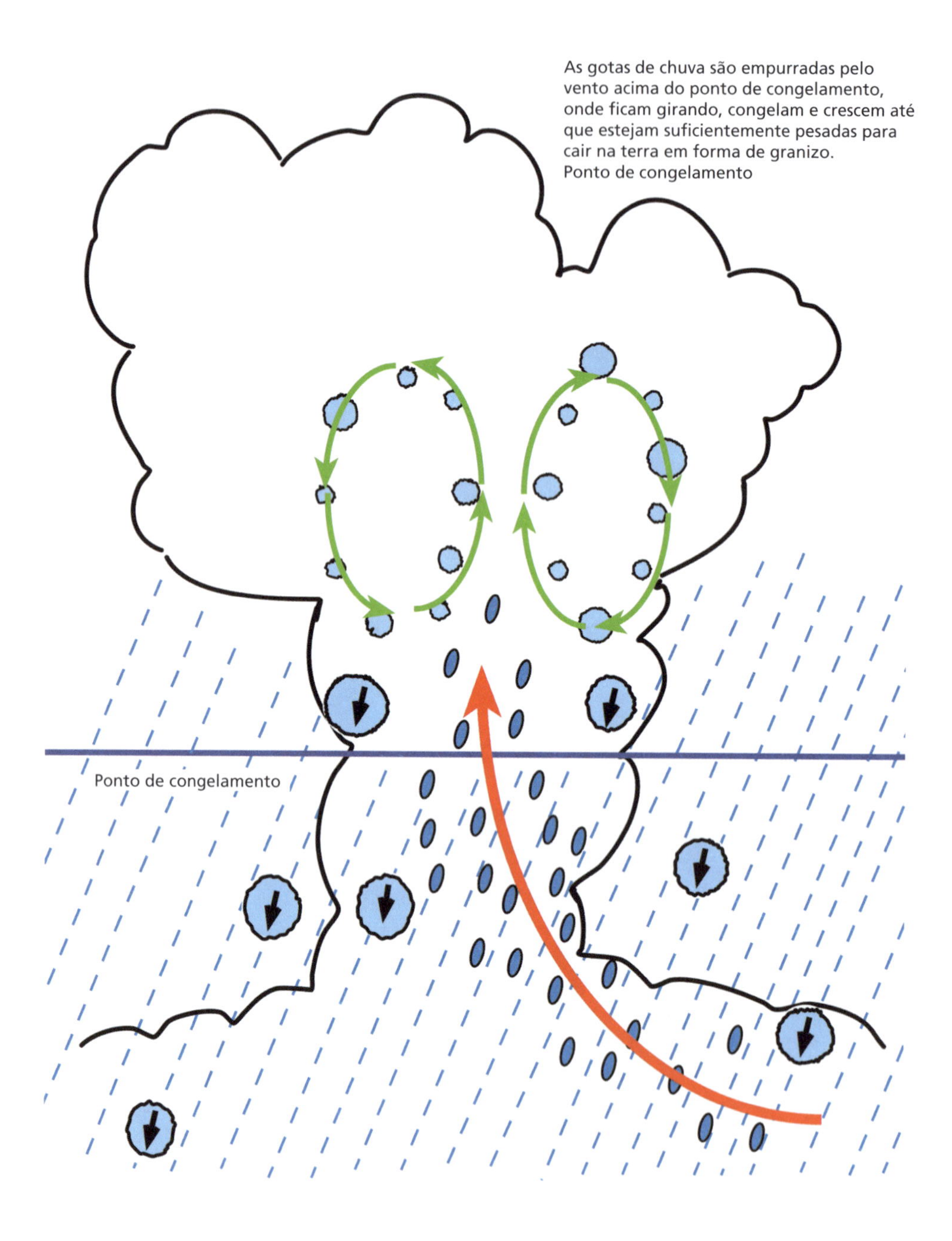
As gotas de chuva são empurradas pelo vento acima do ponto de congelamento, onde ficam girando, congelam e crescem até que estejam suficientemente pesadas para cair na terra em forma de granizo.
Ponto de congelamento
Ponto de congelamento

UNIDADES SÃO UMA RELAÇÃO

Nosso mundo é formado por uma grande variedade de objetos e substâncias, todos os quais são medidos em diferentes momentos para nos ajudar a tomar decisões importantes para nossas vidas. Os pais precisam entender as unidades de medida quando dão um medicamento aos seus filhos, assim como os engenheiros precisam entender as unidades de medida quando constroem pontes ou iPhones. Nosso mundo é mensurável graças às muitas e diferentes unidades que foram criadas, e essa ideia fundamental oferece aos alunos a oportunidade de se familiarizarem com as diferentes unidades e de começarem a entender como elas estão relacionadas entre si. Discuti na introdução da Ideia fundamental 2 o mundo imaginário da matemática que nos permite ver e desenhar círculos perfeitos. Essa ideia fundamental nos traz para o mundo real, no qual as medidas são necessárias. Mas uma medida no mundo real nunca poderá ser exata, e esta é uma ideia útil que os estudantes precisam entender. Um dos motivos pelo qual a matemática é tão útil e intrigante é que, em parte, ela é imaginária, e isso nos possibilita criar formas perfeitas. Ela também é uma forma de entendermos nosso mundo, e usamos as medidas para nos ajudarem a compreendê-lo, mesmo que elas não possam ser perfeitamente acuradas.

Na atividade **Visualize**, convidamos os alunos a pensar acerca da relação entre duas unidades por meio do uso de um gráfico. Essa pode ser a primeira vez que os alunos passarão algum tempo envolvidos com gráficos, e nossa intenção é que eles trabalhem para entendê-los, observando sua forma geral e como os valores em um dos eixos estão relacionados com os valores no outro. Iniciamos com uma atividade semelhante à que usamos em nossas aulas na "Semana de Matemática Inspiracional" que os alunos acharam muito atraentes. Eles serão solicitados a olhar para um gráfico com diferentes animais e ponderar sobre o que ele está mostrando. Depois disso, deverão fazer seus próprios gráficos, raciocinar e fazer conjecturas a respeito deles. Incluímos nas primeiras tarefas de confecção de gráficos oportunidades para o uso da criatividade e para que os alunos raciocinem e provem suas ideias. Os gráficos são uma oportunidade de observar os dados visualmente, podendo ser usados para encorajar os alunos a pensar intuitivamente sobre ideias.

Em nossa atividade **Brinque**, os alunos utilizarão medidas não padronizadas para aprender mais sobre sua sala de aula. Essa é uma atividade que incorpora a escolha por parte do aluno, o que é importante de ser estimulado sempre que possível. Eles terão oportunidade de escolher qualquer unidade de medida, como um lápis ou um livro, e usá-la para medir cinco objetos na sala, mostrando seus resultados em um gráfico de linhas. É uma oportunidade para eles pensarem mais a respeito das medidas e aprenderem uma nova forma de registrar as informações.

Em nossa atividade **Investigue**, os alunos serão convidados a considerar o significado de 10.000 passos, pensando sobre o comprimento que eles representam, as formas como podem ser combinados e as distâncias em que se traduzem. A investigação tem início ao ser solicitado que os alunos considerem até onde poderiam ir com 10.000 passos, quanto tempo isso poderia levar e os possíveis destinos a que poderiam chegar. A abertura será motivadora para os alunos, já que poderão usar sua imaginação para pensar em lugares interessantes que podem visitar, ao mesmo tempo utilizando uma unidade de medida e pensando profundamente sobre isso.

Jo Boaler

TUDO ESTÁ NOS EIXOS

Visão geral

Nesta atividade, tornamos visível a relação entre as unidades examinando e criando gráficos, usados para fazer observações e previsões sobre as relações, tanto dentro do gráfico quanto além dele.

Conexão com a BNCC*

EF04MA20, EF03MA27, EF04MA27, EF03MA17

Planejamento

Atividade	Tempo	Descrição/Estímulo	Materiais
Abertura	15+ min	Examine o gráfico com animais e peça que os alunos determinem quais informações ele fornece, o que os eixos significam e que perguntas eles têm. Discuta essas observações.	Gráfico com animais, para mostrar aos alunos.
Explore	20+ min	Os alunos trabalham em pequenos grupos para criar seu próprio cartaz com um gráfico, semelhante àquele com animais estudado na abertura.	Papel gráfico e canetinhas.
Discuta	20 min	Os alunos estudam um gráfico que foi confeccionado por outro grupo. Eles se concentram nas perguntas-chave e o apresentam para a classe com suas conclusões.	Para cada grupo, um gráfico em papel confeccionado por outro grupo.

Para o professor

Gráficos são uma forma particularmente potente de visualizar padrões, mas, para entendê-los, os alunos precisam desenvolver formas de leitura e de interação com essas imagens. Iniciamos com o exame de um gráfico de duas variáveis que desenvolve a intuição dos alunos para as relações comunicadas em um gráfico. Eles devem ser uma forma convidativa de visualizar e explorar padrões e relações, e essa primeira experiência tem a intenção de engajar os alunos na formação de um significado para os gráficos antes de se voltarem para as relações entre as unidades no âmago da ideia fundamental. O restante da atividade almeja tornar visíveis as relações entre as unidades. Neste ponto, pedimos aos alunos que construam sua própria compreensão do gráfico e depois criem os seus próprios. Você poderá ver que os alunos constroem seus gráficos de formas pouco convencionais. Isto é ótimo! Os únicos critérios devem ser consistência e clareza. Os gráficos comunicam a relação que pretendiam?

---

*N. de R. T.: No original, conexão com o CCSS: 4.MD.1 – Saber o tamanho relativo das unidades de medida dentro de um sistema de unidades, incluindo km, m, cm; kg, g; lb; oz; l, ml; hr, min, seg. No interior de um único sistema de medida, expressar medidas de grande unidade em termos de unidades pequenas. Registrar medidas equivalentes em uma tabela de duas colunas. Por exemplo: saber que 1 pé é 12 vezes maior do que uma polegada. Expressar o tamanho de uma cobra de 4 pés como 48 polegadas. Gerar uma tabela de conversão de pés para polegadas listando o número de pares (1, 12), (2, 24), (3, 36).

Uma ampliação adicional para esta atividade poderia ser pedir que os alunos construam quebra-cabeças a partir dos gráficos que eles próprios criaram. Estes poderiam ser colocados junto à exibição do gráfico para servir como quebra-cabeças para os alunos experimentarem tocando ou pensando sobre os gráficos.

ATIVIDADE

Abertura

Diga aos alunos que hoje irão procurar relações. Mostre o gráfico com animais (encontrado no final desta atividade). Peça que se voltem e conversem com um colega: o que vocês observam? Que informações vocês conseguem colher a partir dessa apresentação visual? Dê alguns minutos para que os alunos façam observações de todos os tipos. Peça que compartilhem em voz alta o que percebem e registre suas contribuições. Você poderá ter a sua cópia do gráfico para anotar as características que os alunos estão percebendo. Certifique-se de usar cores para mostrar os diferentes padrões ou observações. Você poderá escolher alguns animais que não estão no gráfico (por exemplo, um cachorro ou uma zebra) e pedir que os alunos se voltem e conversem com um colega sobre onde eles os acrescentariam no gráfico e por quê. Peça que compartilhem seu raciocínio sobre onde colocar esses animais no gráfico. Este é um momento útil para avaliação formativa: os alunos estão entendendo como interpretar as informações do gráfico?

Explore

Peça que os alunos criem seu próprio gráfico, no papel gráfico, semelhante àquele com animais que acabaram de estudar. Em seus grupos, eles precisarão decidir sobre um tópico e o que os eixos representam. Precisarão trabalhar juntos para chegar a um consenso sobre o que escolheram fazer e como criarão seu gráfico. Não deixe de dizer que eles não podem fazer um gráfico com os mesmos animais ou rótulos nos eixos que o gráfico anterior com animais.

Discuta

Depois que os alunos concluíram seus gráficos no cartaz, dê a cada grupo um outro que foi confeccionado por outro grupo. Peça que cada grupo discuta as perguntas a seguir e planejem como irão compartilhar o gráfico com a turma durante a discussão em classe.

- O que este gráfico está tentando comunicar?
- O que os eixos representam?
- Que relações estão sendo ilustradas?
- Que perguntas você tem para os alunos que fizeram o cartaz?

Procure

- **Os alunos estão usando as características dos eixos para dar um significado aos dados apresentados?** Há muitas informações em um gráfico, e relacioná-las para formar uma interpretação de um ponto nos dados é uma tarefa desafiadora. Para apoiá-los na tarefa de lidar com os dois eixos e identificar o que representam determinados pontos nos dados, poderá ser útil focar em um único ponto e fazer perguntas sobre o que ele significa.
- **Os alunos estão conectando pontos específicos dos dados para formar um padrão geral?** Os alunos podem ver os pontos somente como pedaços individuais dos dados, em vez de como integrantes de um padrão ou uma relação. Você poderá focá-los na ideia de um padrão e uma relação e perguntar como eles poderiam resumir o que estão vendo para uma pessoa que não está vendo o gráfico, como quando se está falando ao telefone.
- **Como os alunos estão raciocinando sobre dados que vão além do gráfico?**

Eles podem certamente ampliar o gráfico e fazer conjecturas sobre itens relacionados que não estão nele. Eles precisarão ter uma noção da relação dos itens com os eixos.

- **Como os alunos estão pensando sobre a construção do gráfico?** Os gráficos precisam ter algumas características para que possam ser legíveis para outras pessoas. Encoraje os alunos a pensar sobre quais características tornaram os gráficos legíveis para eles. Como podem incluir essas mesmas características em um gráfico com um padrão diferente? A colocação dos itens no gráfico fará diferença.

Reflita

Como os gráficos comunicam relações?

GRÁFICO COM ANIMAIS

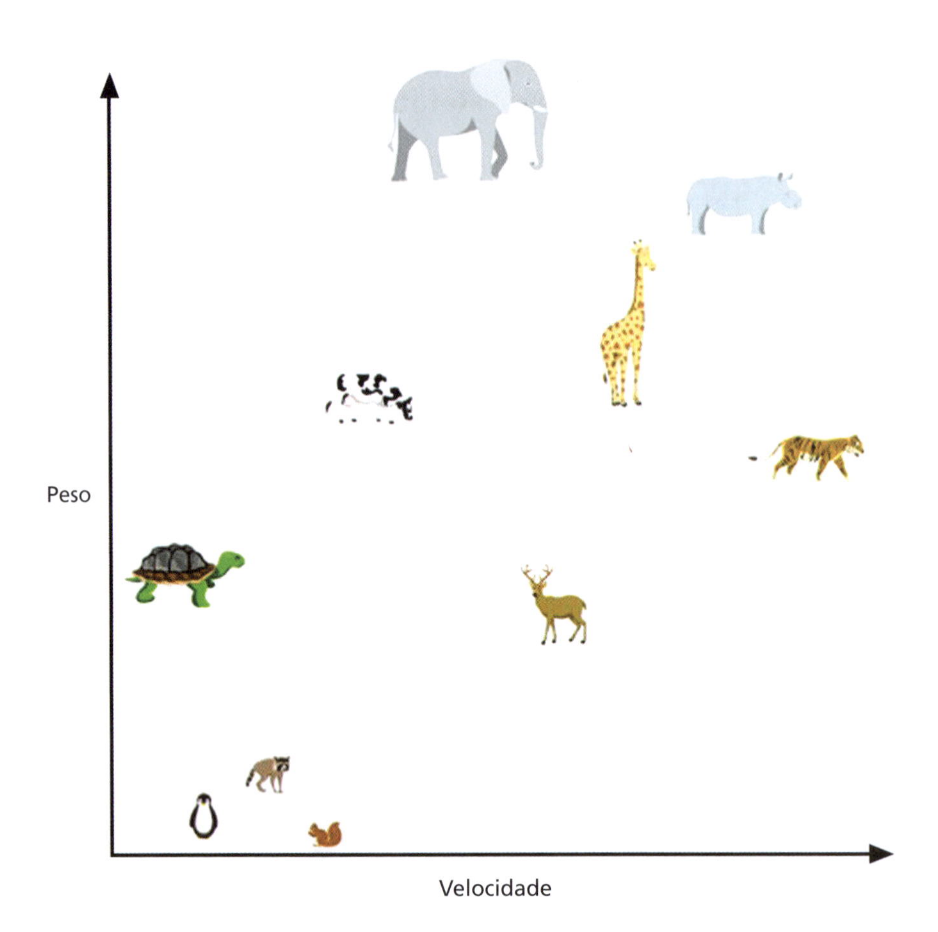

MEDIÇÃO

Visão geral

Os alunos usam uma unidade de medida não padronizada para determinar o tamanho de diferentes objetos na sala de aula.

Conexão com a BNCC*

EF04MA20, EF04MA09

Planejamento

Atividade	Tempo	Descrição/Estímulo	Materiais
Abertura	10-15 min	Mostre aos alunos o gráfico de linhas e peça-lhes que pensem sobre quais informações ele comunica. Discutam com toda a classe suas observações.	• Medição por meio de um gráfico de linhas com garfos. • Cópias de medição por meio de um gráfico de linhas com garfos, uma para cada dupla.
Brinque	20 min	Peça que as duplas de alunos escolham uma unidade de medida – por exemplo, um lápis, bastões cor de laranja de material Cuisenaire ou 10 blocos azuis. Os alunos criam seu próprio gráfico de linhas medindo os objetos na sala de aula, usando sua unidade de medida.	• Unidade de medição, como um lápis, bastão laranja de Cuisenaire ou um apagador de lousa. • Canetas coloridas e papel gráfico.
Discuta	10-15 min	Peça que os alunos exibam seus cartazes. Eles podem se movimentar pela sala estudando as informações apresentadas nos gráficos de linhas.	• Cartazes elaborados com gráficos de linhas. • Etiquetas adesivas para os comentários dos alunos.
Amplie	15+ min	Peça que os alunos convertam sua unidade de medida para centímetros ou outra unidade de medida padrão. Eles podem fazer uma tabela de conversão para determinar a unidade de medida para seu gráfico de linhas. A tabela de conversão pode ser exibida juntamente com seu cartaz com o gráfico de linhas, e podem ser feitas perguntas sobre a medida padrão para os itens que foram incluídos no gráfico.	Réguas, fitas métricas, trenas.

Para o professor

Esta aula pode se estender por dois dias, particularmente se você decidir fazer a atividade de extensão. Os alunos provavelmente aprenderão mais se tiverem oportunidade de voltar em outros dias e rever os cartazes com os gráficos de linhas.

Nesta atividade, os alunos criam gráficos de linhas mostrando as medidas de di-

*N. de R. T.: No original, conexão com o CCSS: 4.MD.1 (ver nota na página 83); 4.MD.4 – Fazer um gráfico de linhas para apresentar uma base de dados de medidas na forma de unidades fracionárias ($\frac{1}{2}$, $\frac{1}{4}$, $\frac{1}{8}$). Resolver problemas envolvendo adição e subtração de frações utilizando as informações apresentadas em um gráfico de linhas. Por exemplo, a partir de um gráfico de linha, ache e interprete a diferença de peso entre a maior e a menor espécie de insetos de uma dada coleção.

ferentes objetos na sala de aula. A unidade de medida será algo que eles escolheram para usar como seu padrão de medida. Por exemplo, uma dupla pode escolher um lápis e então determinar quantos lápis de altura tem a porta, ou sua carteira, ou a distância para atravessar a sala de aula.

Na extensão, os alunos fazem uma tabela de conversão que pode ser postada com seu cartaz. Eles também podem elaborar perguntas sobre seus itens nos quais os outros alunos podem usar a tabela de conversão para identificar a medida dos objetos com uma medida padronizada.

ATIVIDADE

Abertura

Inicie esta atividade lembrando aos alunos do trabalho que fizeram com as coordenadas planas. Diga que há muitas maneiras de comunicar informações com um gráfico e que hoje irão examinar um tipo de gráfico diferente. Mostre a folha medição por meio de um gráfico de linhas com garfos e dê às duplas uma cópia para a examinarem de perto (Fig. 4.1; a versão em página inteira se encontra no final da atividade).

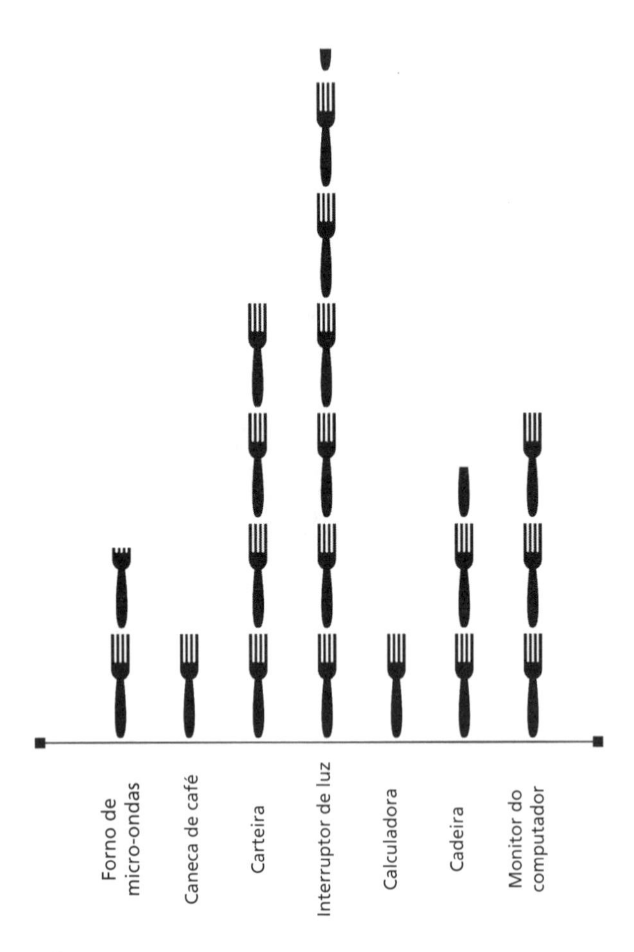

Figura 4.1 Altura em garfos.

Solicite que os alunos a estudem com um colega e determinem quais informações ela comunica. Eles então devem compartilhar suas conclusões. Registre as observações dos alunos em um espaço que seja de fácil visualização para todos. Chame a atenção para os garfos parciais e peça que especulem sobre o que eles querem comunicar. Peça para fazerem seus próprios gráficos de linhas usando uma unidade não padronizada para medir objetos na sala de aula.

Brinque

Os alunos trabalham em duplas para determinar uma unidade de medida não padronizada. Por exemplo, um grupo pode escolher um lápis, um grampeador, um apagador de quadro branco ou algum outro objeto da sala de aula. Peça que encontrem a medida de no mínimo cinco coisas diferentes na sala de aula. Por exemplo, eles podem medir a altura ou largura da porta, a distância até o outro lado da sala ou a altura de uma carteira. Depois de terem coletado suas informações, eles devem ilustrar seus dados usando um gráfico de linhas.

Discuta

Peça que os alunos exibam seus cartazes nos quais os colegas possam estudar seus gráficos de linhas. Solicite que anotem as perguntas que os gráficos suscitam, alguma sugestão que tenham para torná-los mais claros e comentários sobre características que são particularmente interessantes ou claras. Os alunos podem usar etiquetas adesivas e deixar mensagens para os criadores de cada gráfico de linhas.

Depois disso, reúna a classe para discutir as perguntas a seguir.

- Que dúvidas estes gráficos de linhas levantaram para você?
- O que os gráficos de linhas comunicam claramente?
- O que é difícil de ler nestes gráficos de linhas? Por quê?
- Como você (e os outros) fez uso das unidades fracionárias?

Amplie

Peça que os alunos façam uma tabela que mostre a conversão da sua unidade de medida não padronizada para uma unidade de medida padrão, semelhante ao exemplo apresentado aqui. Eles podem exibir a tabela de conversão junto ao seu cartaz com o gráfico de linhas. A seguir, podem circular pela sala para comparar as medidas dos mesmos objetos nas diferentes tabelas para ver se coincidem. Por exemplo, se a carteira tem quatro garfos de altura em um gráfico de linhas e cinco lápis de altura em um gráfico de linhas diferente, eles correspondem à mesma altura? Como as tabelas de conversão podem ajudá-los a descobrir isso?

Número de garfos	1	2	3	4	5	6	7
Altura em centímetros	18	36	54	72	90	108	126

Procure

- **Os alunos estão medindo acuradamente com sua unidade de medida?** Com frequência, eles ainda têm dificuldade em colocar as unidades de medida enfileiradas, particularmente quando tiram medidas verticais. Estimule-os a desenvolver formas de medir que sejam cada vez mais precisas.
- **Como os alunos estão lidando com as unidades parciais?** Insista para que eles reflitam cuidadosamente sobre essas frações, o quão grandes realmente são e como irão registrar essa porção da medida.

- **Os gráficos de linhas são acurados?** Peça que os alunos lhe mostrem seus dados e como os mapearam no gráfico de linhas. Ao terem de explicar, os alunos podem identificar erros simples. Solicite que pensem se suas medidas são aceitáveis. Por exemplo, se dois objetos são apresentados como iguais em um gráfico de linhas, os alunos acreditam que eles realmente têm alturas iguais?
- **Como os alunos estão pensando sobre suas tabelas de conversão?** Mais uma vez, poderá haver a necessidade de pensar em unidades fracionadas. Um lápis por ter $17\frac{1}{2}$ centímetros de comprimento, em vez de 17 ou 18 centímetros. Os alunos devem ser o mais precisos possível e não devem arredondar essa conversão para um número inteiro. Estimule-os a refletir cuidadosamente sobre como poderão encontrar uma medida de 2, 3, 4 unidades, e assim por diante, para construir suas tabelas.

Reflita

Por que você acha que temos tantas unidades de medida diferentes em nosso mundo?

MEDIÇÃO POR MEIO DE UM GRÁFICO DE LINHAS COM GARFOS

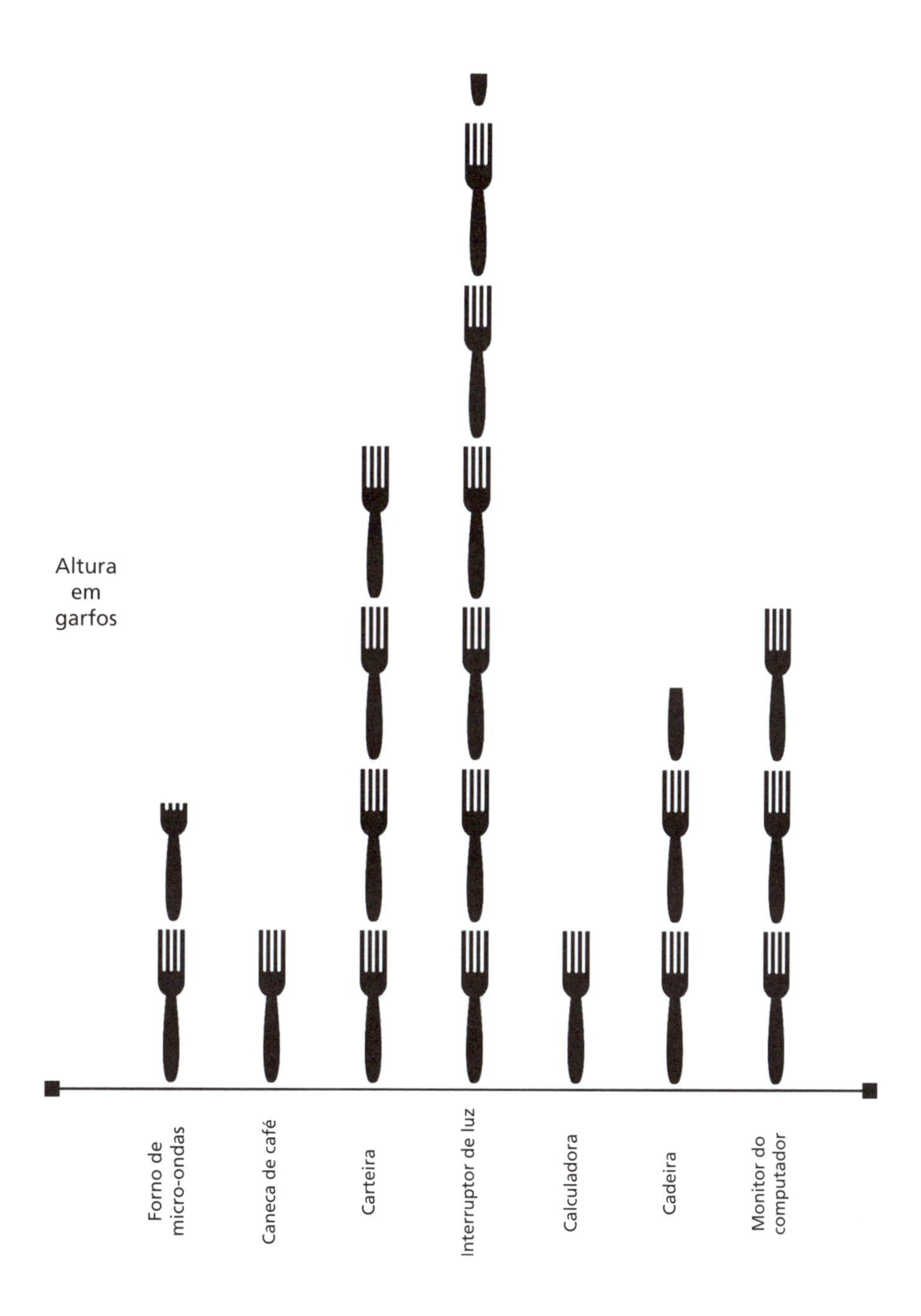

10.000 PASSOS

Visão geral

Nesta investigação, os alunos avaliam até onde podem chegar com 10.000 passos. Também consideram quanto tempo levaria para caminhar esse tanto.

Conexão com a BNCC*

EF04MA03, EF04MA05, EF04MA20

Planejamento

Atividade	Tempo	Descrição/Estímulo	Materiais
Abertura	10 min	Apresente a recomendação de que as pessoas andem 10.000 passos por dia, e as perguntas-chave: que distância é essa? Quanto tempo você levaria para caminhá-la? Lembre aos alunos do trabalho anterior com as relações entre as unidades. Peça que considerem que informações e instrumentos irão precisar.	
Explore	45+ min	Os alunos trabalham em pequenos grupos para resolver as quatro perguntas-chave: • Se você caminhasse 10.000 passos por dia, até onde iria? • Quanto tempo você levaria para caminhar todos os 10.000 passos de uma vez? • Se você caminhasse 10.000 passos todos os dias durante um ano, até onde iria? • Quais as diferenças nas respostas a estas perguntas para cada membro do seu grupo? Os alunos usam seus próprios instrumentos escolhendo como desenvolver um caminho para a solução e criando um cartaz que represente seu processo.	• Cartazes e canetinhas para cada grupo. Acesso a: • Relógios ou cronômetros. • Fitas métricas ou trenas. • Calculadoras. • Espaço para andar. • Recursos para marcar o piso (p. ex., etiquetas adesivas ou fita adesiva). • Referências para relações entre as unidades, quando necessário.
Discuta	30 min	Todos os grupos compartilham suas abordagens e resultados usando seus cartazes mostrando o processo, enquanto a classe faz perguntas e avalia o quanto os métodos usados são convincentes. Então, discutem as semelhanças e diferenças nos resultados entre os membros da classe.	Cartazes dos grupos.
Explore	20+ min	Os alunos investigam até onde poderiam ir em uma caminhada de 10.000 passos e constroem uma rota usando mapas da sua região.	Mapas da sua região, com a escala indicada.

*N. de R. T.: No original, conexão com o CCSS: 4.MD.1 (ver nota na página 83); 4.MD.2 – Utilizar as quatro operações para resolver problemas que envolvam distância, intervalos de tempo, volume de líquidos, massa de objetos, e dinheiro, incluindo problemas envolvendo frações simples ou decimais, e problemas que requeiram expressar medidas apresentadas em unidades grandes em unidades menores. Representar quantidades de medida utilizando diagramas, tais quais uma linha de números que apresente uma escala de medida; 4.MD.3 – Aplicar as fórmulas de área e perímetro para retângulos em contextos reais e em problemas matemáticos. Por exemplo: encontre a largura de uma sala retangular dada a área de seu piso e o comprimento, ao observar a fórmula de área como uma equação de multiplicação com um fator desconhecido.

Para o professor

Esta investigação é como a maioria dos problemas no mundo real em que a linguagem do problema não nos diz quais serão os passos necessários ou qual abordagem usar. Os alunos terão que pensar de forma criativa e sistemática sobre como, a partir das informações de que dispõem, irão chegar às respostas das perguntas formuladas. Embora possa ser tentador fornecer suporte adicional dividindo esta tarefa em uma série de perguntas e passos menores, sugerimos que você apoie os alunos em vez de perguntar o que eles querem saber e do que precisarão para chegar lá. Além disso, você pode apoiá-los fazendo uma pausa na investigação depois de uns 10 minutos e solicitando que compartilhem as ideias que estão desenvolvendo para dar início à tarefa. Isso pode estimular o pensamento daqueles que estão travados. Se um grupo estiver tendo dificuldades particularmente em imaginar como prosseguir, você pode lhes oferecer a oportunidade de colher ideias andando pela sala em grupo por alguns minutos, prestando atenção no que os outros grupos estão experimentando. Esse tipo de coleta de ideias é uma maneira estratégica de usar os pares como modelo, ao mesmo tempo mantendo os alunos no controle das ideias que eles mesmos decidem testar.

ATIVIDADE

Abertura

Inicie esta investigação lembrando os alunos sobre como examinamos as relações entre as unidades até aqui. O objetivo com as relações entre as unidades é que possamos usá-las para resolver problemas e decidir como nos movimentamos entre as unidades. Iremos lidar com isso no desafio de hoje. Atualmente, os médicos estão recomendando que as pessoas caminhem 10.000 passos por dia para manter a saúde e serem ativas. Mostre aos alunos o que queremos dizer quando dizemos um passo – um passo típico. Pergunte se eles acham que caminham 10.000 passos por dia. Você pode registrar as ideias que eles trazem e revisitá-las depois que concluíram a investigação. Explique a eles que irão investigar essa ideia tentando descobrir em que distância isso se traduz para vocês e quanto tempo vocês levariam para caminhar 10.000 passos. O que acham que precisariam saber para dar início a essa investigação? Convide os alunos a se virarem e conversarem com um colega sobre o tipo de coisas que precisariam saber. Você pode pedir que apresentem algumas ideias, tais como qual a distância de um passo ou quantos passos são necessários para ir até o fim do corredor.

Peça que os alunos registrem seu pensamento e os resultados em um cartaz. Mais tarde, poderão ver como os outros abordaram o problema. Encoraje-os a serem organizados e descritivos de modo que os outros alunos possam entender seu método e as respostas às perguntas formuladas nesta atividade.

Explore

Os alunos trabalham em pequenos grupos para encontrar um caminho para solucionar as perguntas a seguir.

- Se você caminhasse 10.000 passos todos os dias, até onde iria?
- Quanto tempo você levaria para caminhar todos os 10.000 passos de uma vez?
- Se você caminhasse 10.000 passos todos os dias durante um ano, até onde iria?
- Quais as diferenças nas respostas a estas perguntas para cada membro do seu grupo?

Cada grupo deve criar um cartaz para documentar seu processo e os resultados. Uma codificação por cores pode ser uma estratégia útil para tornar claros os diferentes passos ou estágios dentro do processo. Há muitos dados a serem reunidos nesta investigação; encoraje os alunos a usar seus cartazes desde o início para registrar as informações que coletam e o que fazem com isso para apoiá-los no acompanhamento dos dados.

Os alunos devem ter acesso a todos os instrumentos de medida e referências que possam precisar para reunir os dados necessários e calcular. Os grupos podem decidir usar diferentes instrumentos, portanto, recomendamos deixar os materiais disponíveis em uma localização central, em vez de distribuir entre eles.

Note que esta investigação envolve um rico conjunto de ideias matemáticas sobre unidades e operações. Ainda mais importante, o desafio para os alunos é descobrir como podem abordar a solução do problema. Os primeiros passos essenciais serão pensar sobre as informações que precisam saber e como podem consegui-las.

Discuta

Dê a cada grupo a chance de apresentar seu processo e suas soluções para as duas primeiras perguntas: até onde você iria? Quanto tempo você levaria? À medida que cada grupo compartilha seu trabalho, peça aos ouvintes que ponderem se acham o processo convincente e por quê. Convide a classe para fazer perguntas esclarecedoras e ofereça devolutivas sobre as características do trabalho que foram convincentes e aquelas que ainda não o são.

Depois que todos os grupos tiverem a chance de compartilhar, peça que os alunos examinem como a solução de cada grupo é semelhante ou diferente do trabalho do seu próprio grupo. Não haverá dois grupos que tenham chegado à mesma resposta. Peça que discutam com seus grupos o que os outros experimentaram e que era semelhante ao seu próprio trabalho e por que acham que as respostas foram diferentes. Depois discutam no grande grupo:

- Quais são as fontes das diferenças?
- O quanto os resultados são semelhantes? Por quê?

Nesta parte da discussão, você deve esperar que os alunos consigam identificar as características das diferentes abordagens que podem ter contribuído para os resultados semelhantes (como um processo parecido) e aqueles que contribuíram para as diferenças (como medidas iniciais distintas para o comprimento de um passo).

Explore

Pergunte aos alunos: até onde você poderia ir caminhando 10.000 passos? Os alunos precisarão ter acesso a mapas da sua região para tratar dessa questão. Eles podem escolher como ponto de partida sua escola ou suas casas, dependendo do que faz mais sentido. Você também pode pedir-lhes que criem uma rota com 10.000 passos usando um mapa que inclua uma escala que eles possam usar. Peça para fazerem uma apresentação do seu mapa para compartilhar com o resto da classe.

Procure

- **Como os alunos estão tentando entrar na investigação?** Como estão determinando quais informações precisam e como obtê-las? Este é talvez o aspecto mais desafiador da tarefa – e uma característica que ela compartilha com problemas autênticos do mundo real. Ela não é formulada de modo a indicar as etapas necessárias para resolvê-la. Você pode estimular os alunos a pensar sobre como dividir esta investigação em partes menores que eles possam assumir ou a imaginarem um problema mais simples, como caminhar 100 passos, como uma forma de entrar na tarefa. Você pode pedir que reflitam sobre por que se sentem travados ou sobre o quê na tarefa parece difícil e depois ajude-os a pensar em um caminho que contorne esse desafio.

- **Como os alunos estão encontrando o comprimento de um passo?** Há muitas estratégias que os alunos podem usar, desde tentar medir um passo "típico" até andar muitos passos e encontrar o comprimento médio do passo. Eles podem ficar em dúvida se incluem o comprimento dos pés daquele que está andando ou somente a distância entre eles. Como estas pequenas medidas irão naturalmente apresentar erros que são ampliados em um problema como este, encorajá-los a pensar criativamente sobre todas as pequenas medidas fará uma grande diferença nas soluções de cada grupo.
- **Como os alunos estão escolhendo e se movimentando entre as unidades?** Ao resolver a distância ou o tempo, há múltiplas unidades plausíveis que os alunos podem escolher – jardas ou milhas, metros ou quilômetros, minutos ou horas. Mas é provável que façam as medições iniciais em unidades menores, como polegadas, pés, minutos e segundos. Procure sondar o raciocínio dos alunos sobre como estão escolhendo as unidades que acham que fazem sentido e como estão usando as relações entre as unidades para ingressar naquelas que escolheram. Encoraje-os a identificar seus cálculos com unidades enquanto trabalham para manter a clareza para eles mesmos e para os outros.

Reflita

Como você decidiu quais unidades usar enquanto investigava? Como usou as relações entre as unidades enquanto investigava?

Ideia fundamental 5

MODELAGEM COM FRAÇÕES UNITÁRIAS

Muitos alunos ficam confusos com frações, e não é difícil entender o porquê. Quando são apresentados às frações como conjuntos de regras e métodos, eles se atrapalham muito. Quando você multiplica frações, multiplica o numerador e o denominador, mas quando soma frações, não pode somar os numeradores e os denominadores; em vez disso, tem de encontrar denominadores comuns e somar os numeradores. A divisão envolve outro conjunto de regras. Os alunos tentam memorizar essas ideias aparentemente sem sentido e frequentemente ficam confusos. Descobri, em minha prática docente e no trabalho com os alunos, que a ideia mais importante para eles ao aprenderem frações é a de relação. Costumo ensinar que o que há de especial em uma fração é que o numerador está relacionado com o denominador e que não sabemos nada sobre a fração sem saber o que é essa relação. Uma fração é grande somente se o numerador for uma grande proporção do denominador porque numerador e denominador estão relacionados. Quando são ensinadas as regras sobre como trocar o numerador e como trocar o denominador, eles começam a ver as frações como números separados e perdem a ideia essencial da relação. Nesta ideia fundamental e na próxima, encorajaremos os alunos a ver as frações como uma relação.

Outra razão para os alunos ficarem confusos sobre o significado das frações é que eles essencialmente as veem– com frequência por meio de diagramas – como partes de um todo. As representações visuais são fundamentais para os alunos, mas, quando veem as frações apenas como parte de uma pizza, de uma torta ou de um retângulo, têm a ideia de que uma fração é um pedaço de um todo. Isso ficou muito claro em uma pesquisa realizada pelo projeto Estratégias e Erros na Matemática do Ensino Secundário,* em Londres (KERSLAKE, 1986). O estudo foi conduzido há muitos anos, mas ainda se encontra entre as pesquisas mais importantes que temos sobre a aprendizagem de frações. Uma equipe observou a aprendizagem de frações, proporções, decimais e álgebra e as principais concepções errôneas que os alunos desenvolveram. Uma das tarefas que apresentaram aos alunos em uma entrevista foi marcar $\frac{3}{5}$ em uma reta numérica apresentada assim:

Nenhum dos alunos de 12 e 13 anos localizou o ponto corretamente, embora todos eles tenham posicionado acuradamente $1\frac{1}{5}$. Por que os alunos seriam mais precisos com um número misto como $1\frac{1}{5}$ do que com uma fração como $\frac{3}{5}$, com a qual estão familiarizados? Todos os alunos viram $\frac{3}{5}$ como um pedaço de algo e não como um número, e não conseguiam pensar como ele seria posicionado em uma reta numérica. Alguns dos alunos tentaram achar $\frac{3}{5}$ em toda a reta que foi traçada.

---

*N. de R. T.: No original, Strategies and Errors in Secondary Mathematics.

Achei esse resultado muito interessante, pois revela um problema comum no ensino de frações: os alunos frequentemente não veem uma fração como um número. Eles a veem como dois números e pensam nela como uma parte de um objeto. Quando lhes ensinamos que uma fração representa um número, eles começam a ver a relação que esse número expressa. Partindo da ideia de uma relação, eles também veem com mais facilidade a necessidade de equivalência, o que abordaremos na próxima ideia fundamental.

Em nossa atividade **Visualize**, convidamos os alunos a verem as frações em uma reta numérica. Isso os ajudará a visualizar as frações como um número, e não só como uma parte de alguma coisa. Os alunos terão a oportunidade de criar sua própria unidade de medida, a qual irá ajudá-los a perceber que a matemática pode ser uma atividade aberta e criativa, não apenas um conjunto de regras, como muitos deles pensam. Eles irão usar sua própria unidade de medida para medir objetos pela sala, e usarão as unidades de medida uns dos outros e darão devolutivas aos colegas. Essa devolutiva é outro ato matemático importante. Encoraje-os a nomear de forma criativa suas unidades de medida; para eles, será divertido dar nomes interessantes a elas! Essa atividade lhes oferece a oportunidade de considerar e usar frações em uma reta e ver o valor delas em uma medida.

Em nossa atividade **Brinque**, os alunos ganharão muita experiência com frações unitárias, vendo as diversas maneiras como é formado um quadrado de tangram* e fazendo seu próprio quadrado usando frações do quadrado original. Depois disso, serão convidados a formar diferentes frações, com algumas estando abaixo de 1 e algumas acima, mais uma vez usando peças do tangram. Pediremos que os alunos posicionem as frações que formaram em uma reta numérica de modo que possam ver que as frações representam um número. Então os convidaremos a fazer tangrams para que experimentem a matemática como uma disciplina criativa, e também terão a oportunidade de fazer escolhas sobre quais formas irão montar. Os alunos devem ter oportunidades frequentes de fazer escolhas enquanto trabalham, já que isso faz parte de ser matemático e também ajuda o cérebro a trabalhar de forma ideal.

Nossa atividade **Investigue** é uma adaptação de uma atividade de *Picklemath*** – uma adorável coleção de investigações. Os autores deste *website* particularmente valorizam e compartilham problemas matemáticos não resolvidos – problemas que ninguém jamais resolveu, mas que são completamente acessíveis a crianças em idade escolar. Eles são muito empolgantes para estudantes de todas as idades. Nesta investigação, os alunos terão a oportunidade de pensar profundamente, já que os problemas são desafiadores – mas o piso baixo significa que todos os entenderão e saberão o que é preciso saber para tentar resolvê-los. Se seus alunos disserem que os problemas são difíceis, diga-lhes que isso é bom: significa que seus cérebros estão crescendo! Os alunos mais uma vez terão a oportunidade de usar frações unitárias, além de começar a pensar sobre equivalência, que será a próxima das nossas ideias fundamentais.

Jo Boaler

*N. de T.: Tangram é um quebra-cabeça chinês formado por 7 peças: 2 triângulos grandes, 2 pequenos, 1 médio, 1 quadrado e 1 paralelogramo, podendo formar várias figuras.

**N. de R. T.: Picklemath, ou MathPickle, é um tipo de atividade matemática enigmática, um "quebra-cabeça". Tratam-se de atividades matemáticas desafiadoras para alunos da educação básica.

MEDIDAS DESCONCERTANTES

Visão geral

Nesta atividade, os alunos constroem uma reta numérica de valores fracionários como sua própria unidade de medida. Eles medirão objetos e usarão frações como valores em uma reta numérica.

Conexão com a BNCC*

EF04MA09, EF04MA20, EF05MA03

Planejamento

Atividade	Tempo	Descrição/Estímulo	Materiais
Abertura	5 min	Apresente sua própria fita métrica e mostre como você mede o comprimento de um objeto da sua escolha. Ao mostrar aos alunos a fita métrica, peça sugestões de como descrever o comprimento da medida. Registre algumas medidas como exemplos.	Fita métrica feita pelo professor.
Explore	30 min	Os alunos criam sua própria fita métrica, dão um nome à unidade de medida e escolhem três objetos na sala para medir e identificar. Os alunos criam uma apresentação visual dos itens que mediram, com identificações descritivas mostrando as medidas.	• Tiras de papel longas de no mínimo 60 cm de comprimento. Cada tira deve ter um comprimento diferente. Gostamos de usar bobina de máquina de calcular. • Canetinhas coloridas. • Objetos para a turma medir. • Papel para registrar e apresentar as medidas dos objetos.
Discuta	10 min	Os alunos exploram outra estação de medida e verificam a unidade de medida que outro grupo utilizou. Os alunos deixam uma devolutiva para o grupo, e outro objeto que mediram e identificaram usando esse instrumento de medida. Os alunos compartilham a experiência de criar sua própria unidade de medida que tem frações de uma unidade.	
Amplie	20+ min	Dados os objetos e medidas da estação de outro grupo, os alunos recriam a fita métrica que o grupo usou.	Fita métrica, para cada grupo cortar no comprimento desejado.

*N. de R. T.: No original, conexão com o CCSS: 4.NF.1 – Explicar por que uma fração $\frac{a}{b}$ é equivalente a uma fração $\frac{(n \times a)}{(n \times b)}$ utilizando modelos visuais de fração, com atenção a como o número e o tamanho das partes diferem ainda que as duas frações por si sejam do mesmo tamanho. Utilizar esse princípio para reconhecer e gerar frações equivalentes; 4.NF.2 – Comparar duas frações com diferentes numeradores e denominadores, por exemplo, criando denominadores ou numeradores comuns, ou comparando com uma fração de referência como $\frac{1}{2}$. Reconhecer que comparações são válidas apenas quando as duas frações se referem ao mesmo todo. Registrar os resultados de comparações com símbolos >, =, <, e justificar a conclusão, por exemplo, utilizando um modelo visual de fração; 4.NF.3 – Compreender a fração $\frac{a}{b}$ onde a >1 como a soma de frações $\frac{1}{b}$. 4.NF.4 – Aplicar e ampliar compreensões prévias sobre multiplicação para multiplicar uma fração por um número inteiro.

Para o professor

Esta aula requer que os alunos confeccionem sua própria unidade de medida e depois classifiquem os objetos à sua volta. Sua unidade de medida é criada a partir de uma tira de papel designada como tendo duas unidades de comprimento. Eles iniciam dobrando seu papel de 2 unidades pela metade diversas vezes, identificando as linhas dobradas e depois usando sua fita métrica para identificar os comprimentos de objetos comuns encontrados na sala de aula.

ATIVIDADE

Abertura

Para iniciar esta atividade, mostre aos alunos a fita métrica que você fez para si. Para fazer esta fita métrica, use uma tira de papel que tenha entre 1 e 2 metros de comprimento. Gostamos de usar bobina de máquina de calcular. Para preparar sua fita, dobre-a pela metade e faça um vinco na dobra. Identifique esta marca como 1 unidade. Continue a dobrar pela metade, marcando as unidades até que tenha medido toda a fita, a qual tem duas unidades de comprimento e está dividida em unidades que representam oitavos, quartos e metades. Veja a Figura 5.1.

No terceiro quadro na Figura 5.1, você pode ver frações equivalentes listadas para as unidades de medida. Esta é uma boa prática para mostrar aos alunos o significado de equivalência.

Use um nome criativo para sua unidade de medida. Denominamos nosso exemplo de unidade como *zoomboogle*.

Demonstre como medir os itens na sala com sua fita métrica. Em nosso exemplo (ver a Fig. 5.2), medimos uma forma de tangram, um táxi londrino preto de pelúcia e uma régua.

Você poderá querer ver como seus alunos se saem ao fazerem uma estimativa da medida dos diferentes objetos antes de vo-

Dobrar a tira de papel pela metade por várias vezes leva a quartos de unidade.

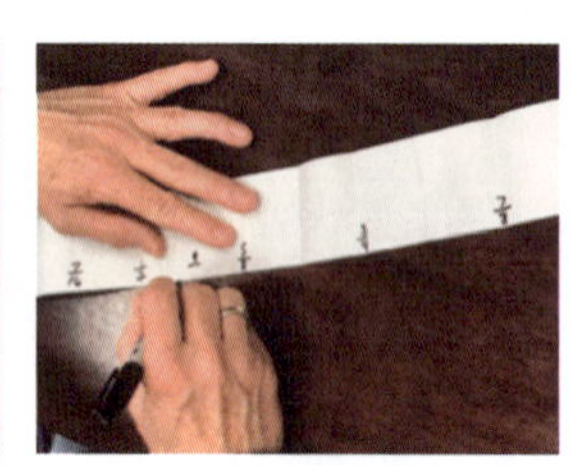

Identificando unidades de 16 avos.

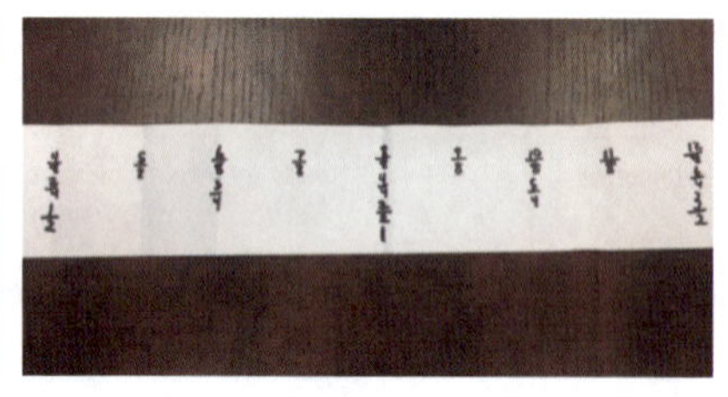

Identificando com a contagem das unidades de modo que múltiplas representações da unidade de medida sejam visíveis.

Figura 5.1

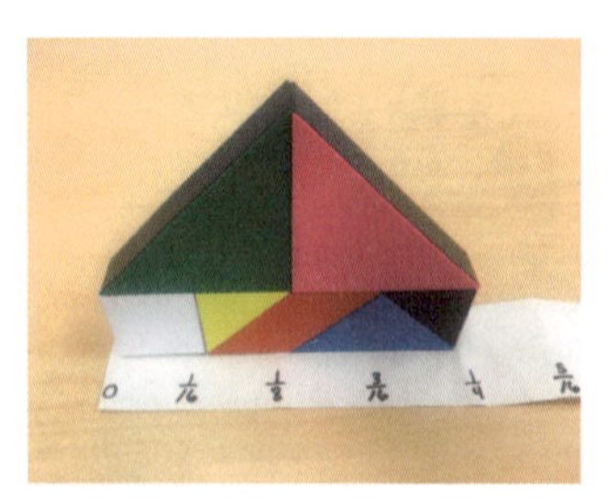

Figura 5.2

cê medir e registrar. Certifique-se de usar o nome da sua unidade de medida enquanto fizer as medições.

Explore

Dê a cada dupla uma tira de papel com comprimentos diferentes. Essa tira de papel representará a unidade de medida da dupla. Diga aos alunos que o comprimento do seu papel representa duas unidades. Mostre-lhes como você dobrou a sua pela metade por várias vezes para dividi-la em unidades de medida menores. É mais fácil marcar as medidas da unidade depois de cada dobra. Peça que os alunos dobrem e identifiquem seu papel de modo que possam usá-lo para medir objetos. Depois da primeira dobra, eles podem identificar como 0, 1 e 2 unidades. Depois da dobra seguinte, eles podem identificar meias unidades; depois da dobra seguinte, quartos de unidade, oitavos de unidade e depois dezesseis avos de unidade. Enquanto os alunos estiverem identificando as unidades, você pode pedir que escrevam todas as unidades equivalentes, ou então podem escrever apenas a unidade simplificada equivalente.

Como todos eles estão usando tiras de papel de comprimentos diferentes, sua unidade de medida será diferente da de todos os outros grupos na classe. Cada grupo deve nomear sua unidade de medida. A Figura 5.3 mostra alguns exemplos de instrumentos de medida dos alunos.

A parte seguinte da tarefa é cada grupo escolher três itens comuns da sala de aula para medir. Enquanto medem os itens, eles devem usar unidades acuradas e fazer afirmações descritivas referentes ao que estão medindo. Por exemplo, podem medir a circunferência de uma bola e a altura de uma carteira. Suas identificações da medida devem ser claras para que os colegas saibam o que foi medido e qual dimensão do item foi medida. Depois de terem medido seus três objetos, eles devem criar uma apresentação que mostre os objetos e sua medida oficial.

Discuta

Depois que os alunos criaram a apresentação das suas medidas, peça que os outros grupos se movimentem pela sala verificando as medidas, usando a fita métrica criada pelo grupo que fez a apresentação. Eles podem deixar bilhetes com devolutivas para o grupo enquanto se movimentam pela sala. Dar devolutivas é uma atividade interessante a ser praticada pelos alunos. Você pode ampliá-la pedindo que um grupo visitante encontre um novo objeto e o identifique usando a unidade de medida do grupo. Quando os

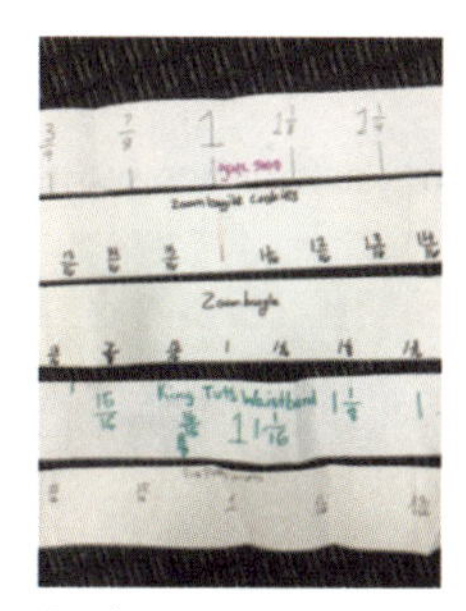

Os alunos usaram nomes criativos para a unidade de medida.

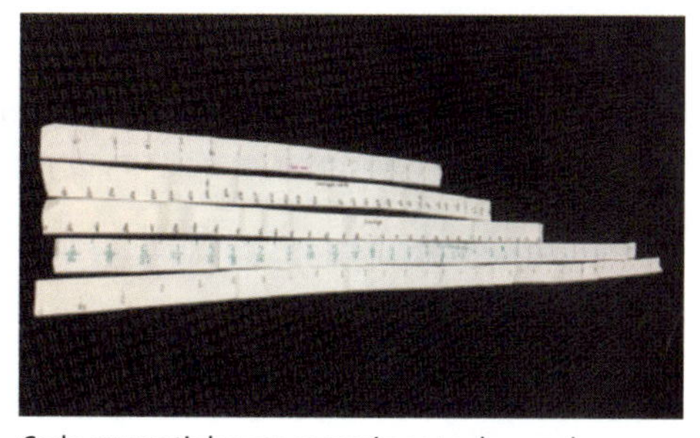

Cada grupo tinha um comprimento de papel diferente, portanto, a distância entre as unidades é diferente. Este é um ótimo estímulo para dar início a uma conversa!

Figura 5.3

grupos retornarem às suas estações, poderão verificar os novos itens que foram deixados com as medidas.

A seguir, reúna a classe para discutir as perguntas a seguir.

- O que os desafiou nesta atividade? Como vocês responderam a esse desafio?
- Todos nós fizemos medições e usamos o mesmo processo para desenvolver nossa fita métrica. Se medirmos o mesmo objeto com duas fitas métricas diferentes, as medidas serão as mesmas?
- Os itens que vocês mediram correspondem exatamente ao tamanho da sua fita métrica? Em caso negativo, o que vocês fizeram?

Amplie

Peça que os grupos recriem a fita métrica de uma das apresentações de outro grupo. Você poderá precisar ocultar as fitas métricas que os grupos usaram para as apresentações que fizeram. Dê ao grupo que está verificando as medidas uma nova tira de papel e peça que trabalhem em conjunto para elaborar uma réplica da fita métrica que foi usada para medir os itens. Quando a nova tiver sido feita, peça que os grupos retornem à sua estação original e a comparem com a original criada por eles.

Procure

- **Os alunos dobram suas fitas métricas com precisão? Eles estão dando atenção às unidades iguais?** As dobras devem criar regiões de tamanhos iguais para auxiliar nas medidas acuradas. Se elas forem visivelmente desiguais, pergunte se isso importa, quando e por quê. Insista para que os alunos sejam precisos e pensem sobre como as unidades são usadas em conjunto para formar unidades maiores. Por exemplo, duas vezes $\frac{1}{4}$ deve ser o mesmo que $\frac{2}{4}$ ou $\frac{1}{2}$.
- **Os alunos contam e identificam suas unidades com precisão?** Eles devem contar usando as frações como unidades. Por exemplo, ajude-os a contar em quartos: $\frac{1}{4}$, $\frac{2}{4}$, $\frac{3}{4}$, $\frac{4}{4}$, $\frac{5}{4}$, e assim por diante. Observe como tratam as frações maiores que um. Este é outro momento para chamar a atenção para a equivalência, já que esses números podem ser escritos tanto como frações impróprias quanto como números mistos.
- **Os alunos estão ficando familiarizados com o uso de nomes equivalentes para as frações – por exemplo, que $\frac{2}{4}$ é $\frac{1}{2}$?** Faça perguntas sobre como um conjunto de unidades identificadas ao longo da sua fita métrica está relacionado com as outras unidades que já foram identificadas. Por exemplo, $\frac{2}{4}$ tem uma relação com $\frac{1}{2}$. Você pode perguntar: o que significa o fato de $\frac{2}{4}$ e $\frac{1}{2}$ ocuparem o mesmo lugar na fita métrica?

Reflita

De que forma as frações são úteis ao medir um objeto?

CONFIGURAÇÕES DE TANGRAM

Visão geral

Nesta atividade, os alunos usam tangrams para montar frações menores, iguais ou maiores do que um inteiro de diferentes maneiras. Eles discutem como a determinação de que fração cada peça do tangram representa os ajuda a montar frações maiores.

Conexão com a BNCC*

EF04MA09, EF04MA21

Planejamento

Atividade	Tempo	Descrição/Estímulo	Materiais
Abertura	10 min	Apresente tangrams e faça observações sobre as formas. Se definirmos o quadrado do tangram como um todo, de que outras maneiras podemos usar as peças para construir um todo?	Jogo de tangram, organizado na forma de um quadrado.
Brinque	20+ min	Os alunos trabalham em duplas para determinar que fração do quadrado cada peça do tangram representa. Então, utilizam muitas cópias de jogos de tangram para encontrar novas maneiras de formar quadrados do mesmo tamanho que o quadrado do tangram original, e as exibem em um cartaz.	• Jogos de tangram, muitas cópias por grupo. • Fita adesiva ou cola. • Cartazes e canetinhas.
Discuta	10 min	Discuta os diferentes quadrados que os alunos criaram e como as frações os auxiliaram na sua confecção. Compartilhe as soluções criativas.	Cartazes dos alunos.
Brinque	30 min	Os alunos usam os jogos de tangram para criar diferentes formas que representam uma fração da sua escolha: $\frac{1}{2}$, $\frac{9}{16}$, $\frac{3}{4}$, $\frac{7}{8}$, 1, $1\frac{1}{2}$ ou $\frac{7}{4}$. As duplas criam cartazes para mostrar suas soluções.	• Jogos de tangram, muitas cópias por grupo. • Fita adesiva ou cola. • Cartazes e marcadores.
Discuta	15 min	Discuta como os alunos usaram as peças do tangram para ajudá-los a criar as diferentes frações. Os alunos destacam as soluções mais criativas e discutem por que algumas frações foram mais difíceis de montar do que outras com as peças do tangram.	Cartazes dos alunos.
Amplie	30+ min	Os alunos criam seus próprios jogos com a forma que escolheram, com o mesmo tamanho do quadrado de tangram com que trabalharam durante a aula. Eles então tentam usar suas peças para formar uma fração da sua escolha e investigam quais frações conseguem construir com seu jogo.	• Molde do conjunto de formas, muitas cópias por grupo. • Fita adesiva ou cola. • Cartazes e canetinhas.

*N. de R.T.: No original, conexão com o CCSS: 4.NF.1 e 4.NF.3 (ver nota na página 99).

Para o professor

Esta atividade pode continuar por muitos dias, particularmente se você incluir a atividade de extensão. Sugerimos que, enquanto os alunos estiverem intrigados e engajados, você siga o interesse deles e explore como as formas do tangram – e os jogos de formas que criam – podem ser usadas para formar frações maiores. Para a extensão, fornecemos um molde cujo contorno é do mesmo tamanho que o quadrado do tangram usado na aula. Dentro dele, encontram-se pontos, organizados como um papel quadriculado, de modo que o quadrado tenha 8 x 8. Esta estrutura deve auxiliar os alunos na decomposição do quadrado em frações que têm denominadores na mesma família que os tangrams: metades, quartos, oitavos, dezesseis avos, e assim por diante. Os pontos também devem ajudar os alunos a determinar que fração cada forma representa. No entanto, alguns podem não querer usar essa estrutura de pontos. Eles podem dobrar seu papel e criar terços, quintos ou sextos. Comemore as maneiras criativas que os alunos encontram. Estimule-os a pensar sobre como podem provar qual fração cada peça representa. Eles descobrirão coisas interessantes sobre quais frações podem – e não podem – formar com essas peças.

ATIVIDADE

Abertura

Inicie esta tarefa lembrando aos alunos do trabalho que vêm fazendo formando frações com frações unitárias. Na investigação de hoje, vamos continuar nosso trabalho, mas, desta vez, investigaremos como podemos usar um conjunto de formas encaixadas dentro de um quadrado. Você pode usar materiais manipulativos ou o molde fornecido. Caso seus alunos não tenham usado tangrams anteriormente, você pode pedir que façam algumas observações sobre as peças e lhes dizer que o grupo é um conjunto de tangrams. Os alunos devem perceber os diferentes tipos de formas e tamanhos. Também devem notar como elas se relacionam umas com as outras ou com o todo – por exemplo, que cada triângulo grande é $\frac{1}{4}$ do quadrado ou que os dois triângulos menores podem ser agrupados para formar o quadrado pequeno.

As sete peças do tangram podem ser dispostas em um quadrado particular. Na atividade de hoje, jogos de tangram serão usados para investigar como as peças podem ser utilizadas de diferentes maneiras para criar outros quadrados do mesmo tamanho. Para nos ajudar a pensar nisso, também podemos questionar qual fração do quadrado total cada peça representa.

Brinque

Trabalhando em duplas, peça que os alunos determinem o seguinte:

- Qual fração do quadrado cada peça representa?
- Como essas peças podem ser usadas para formar novos quadrados do mesmo tamanho que o quadrado do tangram original?
- Quantos quadrados diferentes você consegue criar?

Os alunos devem usar múltiplas cópias dos quadrados de tangram fornecidos para trabalhar nessas questões. Peça que usem um quadrado de tangram para registrar a fração que cada peça representa e para mostrarem no quadrado suas evidências para os nomes das frações que eles dão a cada peça.

Os alunos podem, então, recortar múltiplos conjuntos de tangram para usar como peças para a formação de novos quadrados. Uma limitação importante para o problema é que os quadrados devem ser do mesmo tamanho que o quadrado do tangram original. Se você tiver tangrams manipulativos, os alunos poderão usá-los para tentar formar novos quadrados, mas tendo em mente que eles serão do mesmo tamanho que o quadrado do tangram feito pelo seu material manipulativo, em vez daquele que está na nossa folha. Quando os alunos identificarem uma solução, convide-os a colar os pedaços de papel em um cartaz como registro. Eles também devem identificar cada peça com a fração que ela representa.

Encoraje-os a encontrar o máximo de possibilidades que conseguirem. Você pode perguntar-lhes como eles podem modificar as soluções que já encontraram para criarem novas. Você também pode perguntar como as frações podem ajudá-los a encontrar novas soluções.

Discuta

Peça que os alunos exibam seus cartazes de modo que todos possam ver as diferentes soluções que a classe gerou. Dê a eles alguns momentos para as examinarem e depois pergunte:

- O que vocês observam?
- Como conseguiram gerar os quadrados? Quais estratégias vocês desenvolveram?
- Como as frações os ajudaram a formar os quadrados?
- Como vocês modificaram suas soluções para criar novos quadrados? (Os alunos podem ter usado a equivalência para substituir as peças. Assegure-se de destacar esse tipo de pensamento.)
- Qual foi o quadrado mais criativo ou interessante que vocês formaram? Por quê? Qual é o quadrado mais criativo ou interessante que outras pessoas fizeram? Por quê?

Brinque

O quadrado em que temos trabalhado é nosso número inteiro, ou 1. Na próxima exploração, convide os alunos a escolher uma fração desta lista e peça-lhes que criem o maior número possível de formas diferentes para representá-la com as formas de tangram:

$$\frac{1}{2} \quad \frac{9}{16} \quad \frac{3}{4} \quad \frac{7}{8} \quad 1 \quad 1\frac{1}{2} \quad \frac{7}{4}$$

Mais uma vez, os alunos podem recortar as formas do tangram a partir do molde fornecido e as colar em um cartaz para formar sua fração. Os alunos também devem identificar as frações representadas por cada peça. Eles podem criar qualquer forma – não só quadrados – que use peças para representar a fração que escolheram.

Encoraje-os a tentar montar formas para mais de uma fração e criar mais de uma forma para cada fração. Ao tentarem construir de muitas maneiras, aprenderão mais sobre como usar flexivelmente as frações unitárias e como trabalhar com a equivalência entre as peças.

Discuta

Reúna os alunos para uma discussão das seguintes questões:

- Que estratégias você usou ao fazer suas formas para que coincidissem com a fração que escolheu?
- Como você usou os valores das frações de cada peça para ajudá-lo?
- Qual foi a forma mais criativa que você fez? Por quê?
- Se vocês construíram mais de uma fração, para quais frações foi mais fácil ou mais difícil criar formas? Por quê?

Amplie

Os alunos vêm trabalhando com um jogo clássico de tangrams, sete formas decompostas de um quadrado. Criar um conjunto de formas como o tangram que seja flexível e contenha muitas relações é difícil. Nesta extensão, desafie os alunos a criarem seu próprio jogo de formas decompondo um quadrado em algumas formas menores. Fornecemos o molde de um quadrado em papel pontilhado para apoiá-los quando pensarem sobre como decompor um quadrado em um conjunto de peças que possa ser útil para construir. Forneça esse molde aos grupos (eles irão precisar de muitas cópias) e peça que o decomponham em um conjunto de formas e deem o nome de uma fração a cada uma delas. Esta é uma limitação importante nesta tarefa: as formas que eles criam devem ser aquelas que eles sabem como nomear com uma fração. Depois peça que repitam a exploração anterior com suas novas peças: escolham uma fração (da lista ou deles próprios), recortem as formas e criem uma nova forma que coincida com a fração que escolheram.

Você poderá pedir que compartilhem seus jogos de novas formas e como representaram frações com elas. Os alunos podem achar que suas peças não são prontamente utilizáveis para formar algumas das frações que sugerimos. Isso apresenta uma oportunidade interessante para sondar por que somente algumas frações podem ser usadas para formar outra. Por exemplo, peças de $\frac{1}{8}$ podem ser usadas para formar $\frac{1}{2}$, mas peças de $\frac{1}{3}$ não podem.

Alternativamente, você pode usar os novos conjuntos de formas que os alunos criaram para fornecer peças adicionais para toda a classe usar na construção de formas que representam frações. Isso pode estender a exploração anterior para mais um dia de trabalho, quando os alunos encontram novas formas de formar frações como $1\frac{1}{2}$ ou $\frac{7}{4}$.

Procure

- **Os alunos são capazes de determinar acuradamente qual fração cada peça do tangram representa?** Eles podem nomear cada peça como uma fração unitária: $\frac{1}{4}$, $\frac{1}{8}$ e $\frac{1}{16}$. Ou podem pensar em termos de dezesseis avos para nomear as peças: $\frac{4}{16}$, $\frac{2}{16}$ e $\frac{1}{16}$. Será útil pensarem sobre quais peças podem ser usadas para formar outras na determinação do seu valor fracionário. Você também pode estimulá-los a considerarem qual seria a aparência do quadrado se ele fosse construído com apenas um tipo de peça. Dessa maneira, alguns alunos podem formar quadrados para encontrar os valores fracionários, em vez de usar os valores fracionários para formar quadrados.
- **Como os alunos estão decidindo quais peças usar ao fazerem suas formas?** Ao construírem quadrados, eles podem usar o quadrado como uma ferramenta para raciocinar, muito parecido com o que fariam com um quebra-cabeça. Podem perguntar a si mesmos que formas encaixariam, raciocinando espacialmente. Enquanto alguns alunos avançam fazendo formas diferentes de quadrados e frações diferentes de um inteiro, eles pensarão mais sobre as frações que estão compondo do que na forma como estão fazendo.
- **Como os alunos estão modificando uma solução para criar uma solução nova?** Depois que eles tiverem criado um quadrado (ou uma fração-alvo), podem modificar sua solução substituindo por peças equivalentes. Por exemplo, o paralelogramo pode ser trocado por dois triângulos pequenos sem modificar a forma global criada (ou a fração que ela representa). Esta é uma estratégia útil para gerar múltiplas soluções e também encoraja o pensamento sobre equivalência.

Reflita

O que faz uma fração ser mais fácil ou mais difícil de ser construída? Compartilhe alguns exemplos para apoiar seu pensamento.

JOGO DE TANGRAM

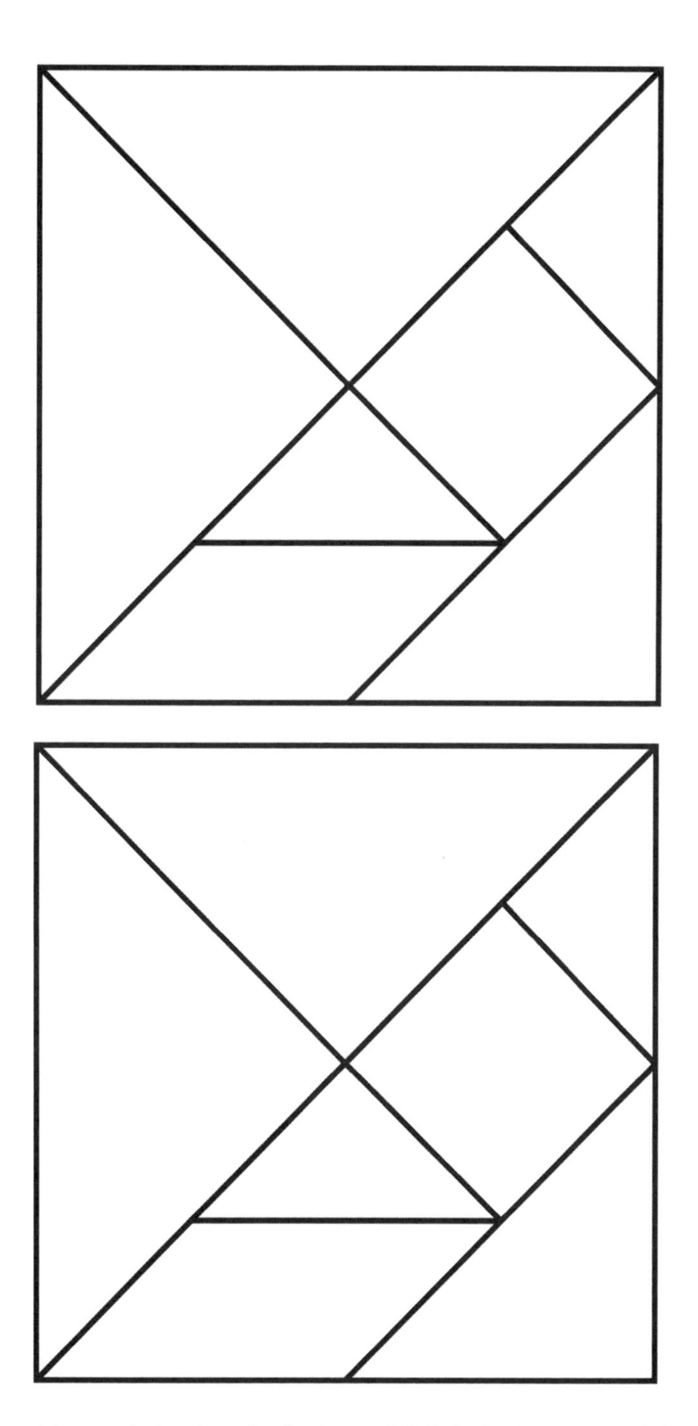

MOLDE DO CONJUNTO DE FORMAS

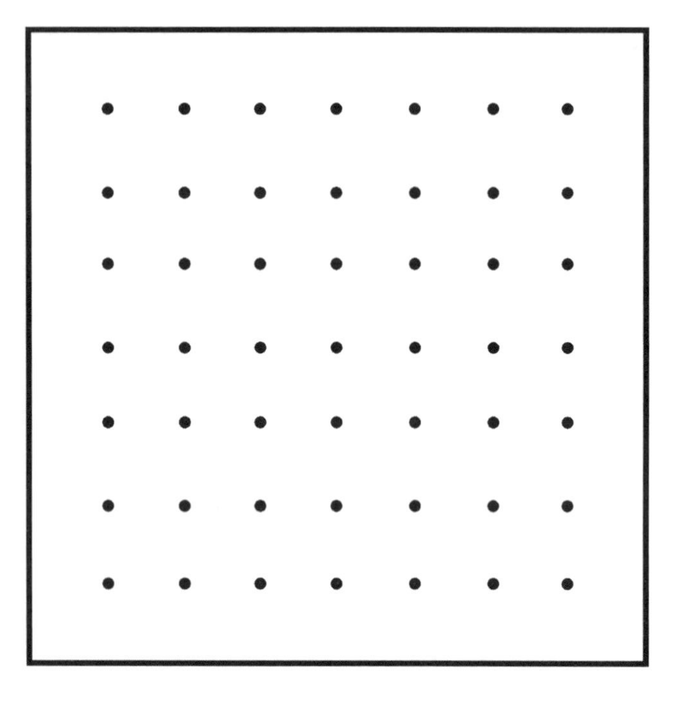

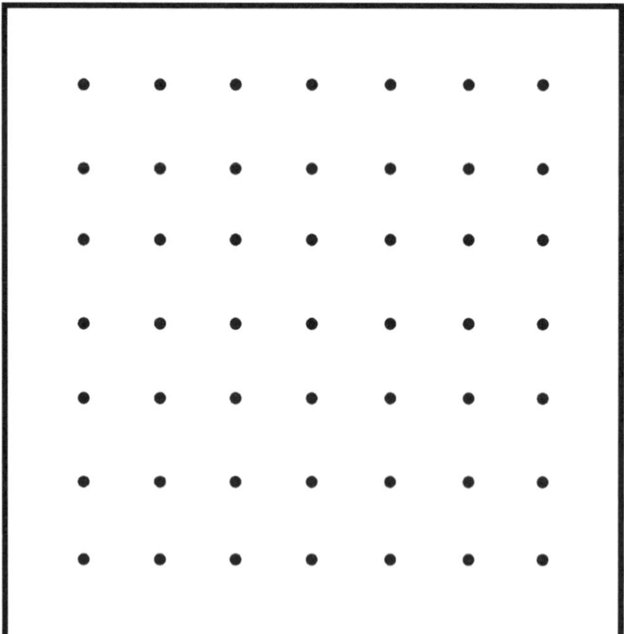

FRAÇÕES PIXELADAS

Visão geral

Nesta investigação, os alunos trabalham em quebra-cabeças que relacionam frações e área. Eles procuram frações unitárias em uma grade em que as partes fracionárias são quadrados sombreados de uma figura. Eles irão formar triângulos para dividir a figura em peças menores em que os quadrados sombreados representam as frações unitárias que estão procurando.

Conexão com a BNCC*

EF04MA09, EF04MA21

Planejamento

Atividade	Tempo	Descrição/Estímulo	Materiais
Abertura	10 min	Apresente o quebra-cabeça: "Que animal sou eu?". Peça que os alunos decidam que animal a figura representa. Peça-lhes para começar tentando resolver o quebra-cabeça em pequenos grupos. Antes de terminarem, solicite que apresentem voluntariamente os métodos que estão usando para resolvê-lo.	"Que animal sou eu?" para exibir, e uma cópia por grupo de alunos.
Explore	20 min	Dê a cada grupo cópias dos quebra-cabeças de frações pixeladas. Peça que trabalhem em um quebra-cabeça e, depois que estiverem prontos, devem prosseguir com um quebra-cabeça diferente. Quando um grupo tiver uma solução para um quebra-cabeça, solicite que preparem uma prova que demonstre como sabem que sua resposta está correta.	• Quebra-cabeças, copiados por grupos: • Isso é uma árvore? • O que isso pode ser? • Cachorro ou gato? • O que é isso? • Réguas.
Discuta	10+ min	Toda a classe discute as estratégias que os alunos usaram. Compartilhe as soluções e as provas que eles prepararam. Discuta como usaram frações unitárias e outras equivalentes.	
Amplie	20+ min	Dê aos alunos uma grade vazia ou um papel gráfico de modo que possam criar seu próprio quebra-cabeça com frações.	• Papel quadriculado (ver o Apêndice) ou uma cópia de Faça seu próprio quebra-cabeça com frações! • Canetinhas. • Régua. • Opcional: plástico transparente para folhas e canetões de limpeza a seco para quadro branco.

*N. de R.T.: No original, conexão com o CCSS: 4.NF.1, 4.NF.2, 4. NF.3 e 4.NF.4 (ver nota na página 99).

Para o professor

Esta atividade tem vários quebra-cabeças que possibilitam aos alunos uma chance de explorar frações e a área em uma apresentação visual. Depois que os alunos completarem alguns deles, estarão prontos para criar seus próprios quebra-cabeças fracionários visuais.

ATIVIDADE

Abertura

Apresente o quebra-cabeça: "Que animal sou eu?". Peça que os alunos decidam que animal eles acham que poderia ser. Cheguem a um acordo na classe sobre o tipo de animal, e então prossiga com o quebra-cabeça em grande grupo. O objetivo não é terminar o quebra-cabeça juntos, mas discuti-lo e resolver o problema juntos. Dê aos alunos a oportunidade de discutir as ideias e a estratégia em pequenos grupos e depois peça que voluntários compartilhem com a classe. O objetivo é fazê-los compartilhar antes que alguém tenha tido a chance de resolver o quebra-cabeça. Caso seja apresentada uma solução, peça ao grupo que prove que ela funciona.

Explore

Peça que os alunos trabalhem nos diferentes quebra-cabeças fracionários pixelados em pequenos grupos. Informe que podem trabalhar em qualquer um deles. Se ficarem travados em um, sempre poderão avançar para outro. Não há necessidade de concluir os quebra-cabeças em qualquer ordem determinada. Mesmo os matemáticos fazem pausas em trabalhos desafiadores.

Quando os alunos resolverem um quebra-cabeça, peça que façam uma prova mostrando que sua solução é acurada. Há somente uma maneira de resolver o quebra-cabeça?

Discuta

Reúna os alunos para discutir as questões a seguir:

- Que estratégias você usou para resolver o quebra-cabeça?
- Suas estratégias mudaram enquanto você resolvia mais quebra-cabeças?
- Alguns quebra-cabeças foram mais desafiadores? Por quê?
- O que você precisa fazer para provar que tem uma solução?

Amplie

Peça que os alunos criem seu próprio quebra-cabeça fracionado visual. Uma grade em branco está incluída, mas os alunos não precisam se limitar a esse espaço. Eles podem usar uma grade de qualquer tamanho que escolherem. Depois que criarem quebra-cabeças, você deve fazer cópias para os alunos trocarem, ou coloque-os dentro de um plástico transparente para folhas para que os alunos usem um canetão de limpeza a seco para quadro branco para resolvê-los.

Procure

- **Quais estratégias os alunos estão usando para resolver os quebra-cabeças?** Estão desenhando linhas e retângulos aleatórios e depois contando, ou estão contando antes de tentar desenhar as linhas e retângulos? Eles também podem tentar adivinhar inicialmente — esta é uma estratégia que faz muito sentido como um começo. No entanto, quando testam seus palpites, eles devem saber quais frações são criadas e pensar em como poderiam modificar suas partições para se aproximarem das frações que têm como alvo. Pergunte: o que você pode fazer para que esta seção se aproxime mais de $\frac{1}{2}$ (ou $\frac{1}{3}$, ou qualquer que seja a fração que estejam procurando)? Os alunos também precisarão pensar sobre como suas modificações em um retângulo impactam os outros.

- **Os alunos estão usando representações equivalentes para as frações unitárias em seu trabalho de solução do problema?** Eles encontram a área de um retângulo e a traduzem em uma fração equivalente que é igual à fração unitária que estão tentando encontrar? Por exemplo, este retângulo tem lados que medem 6 e 4, portanto a área é 24. Isso significa que quadrados de $\frac{12}{24}$ devem ser sombreados se $\frac{1}{2}$ do retângulo deve ser sombreada. A movimentação entre a fração, as frações equivalentes e o número de quadrados são úteis para resolver esses quebra-cabeças.

Reflita

Quais estratégias você achou úteis enquanto resolvia estes quebra-cabeças de frações?

REFERÊNCIA

KERSLAKE, D. *Fractions:* children`s strategies and errors. A report of the strategies and errors in Secondary Mathematics Project. Windsor: NFER-Nelson, 1986.

QUE ANIMAL SOU EU?

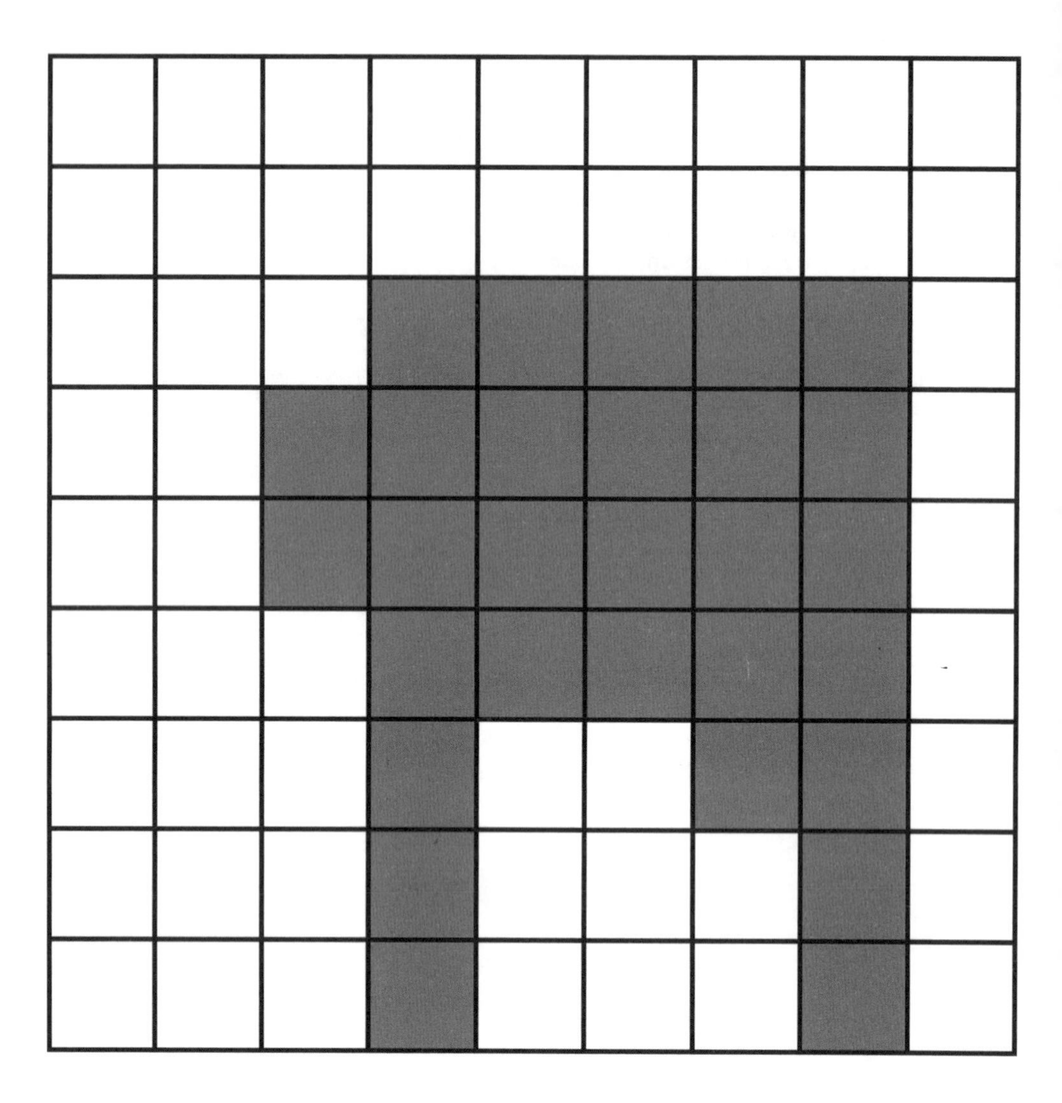

Desenhe duas linhas retas que dividam o quadrado grande em quatro retângulos menores. Dois retângulos estão $\frac{1}{3}$ sombreados, um está pela metade e um está $\frac{1}{5}$.

ISTO É UMA ÁRVORE?

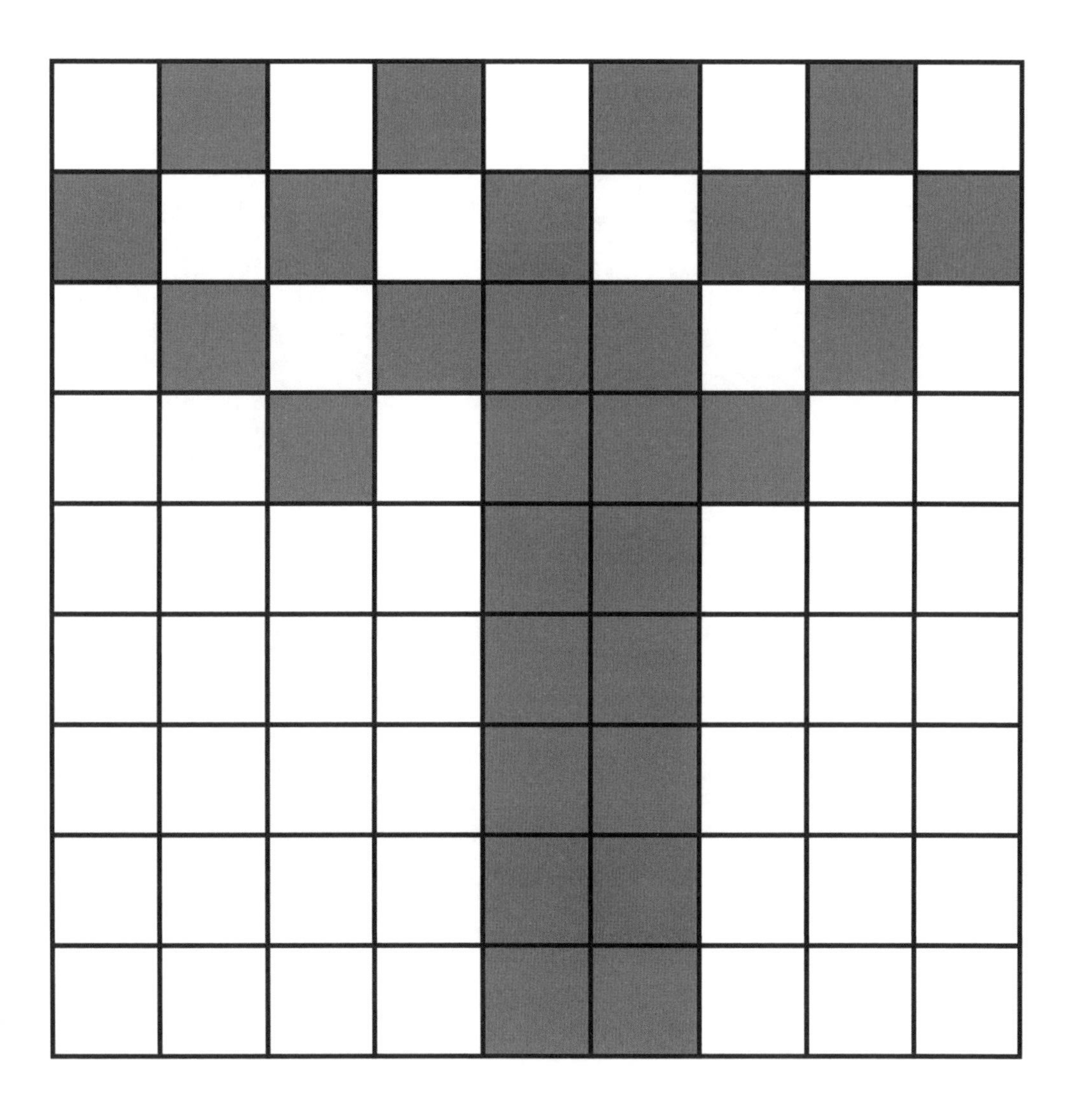

Desenhe três retângulos de modo que um esteja $\frac{1}{4}$ sombreado, um esteja $\frac{1}{5}$ e o outro esteja $\frac{1}{2}$.

O QUE ISTO PODERIA SER?

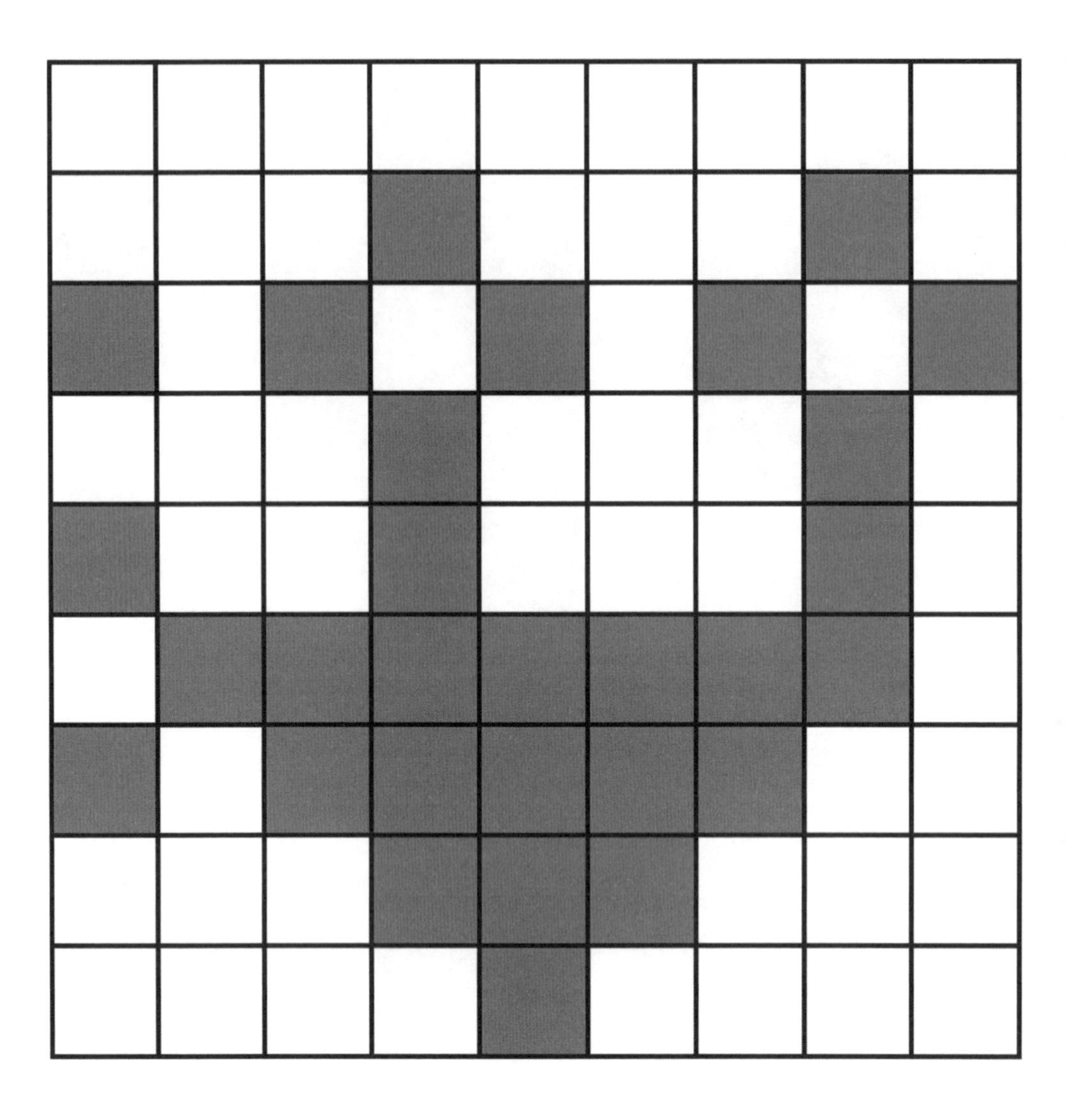

Desenhe três retângulos de modo que um esteja $\frac{1}{3}$ sombreado, outro esteja $\frac{1}{2}$ e o outro esteja $\frac{1}{4}$.

CACHORRO OU GATO?

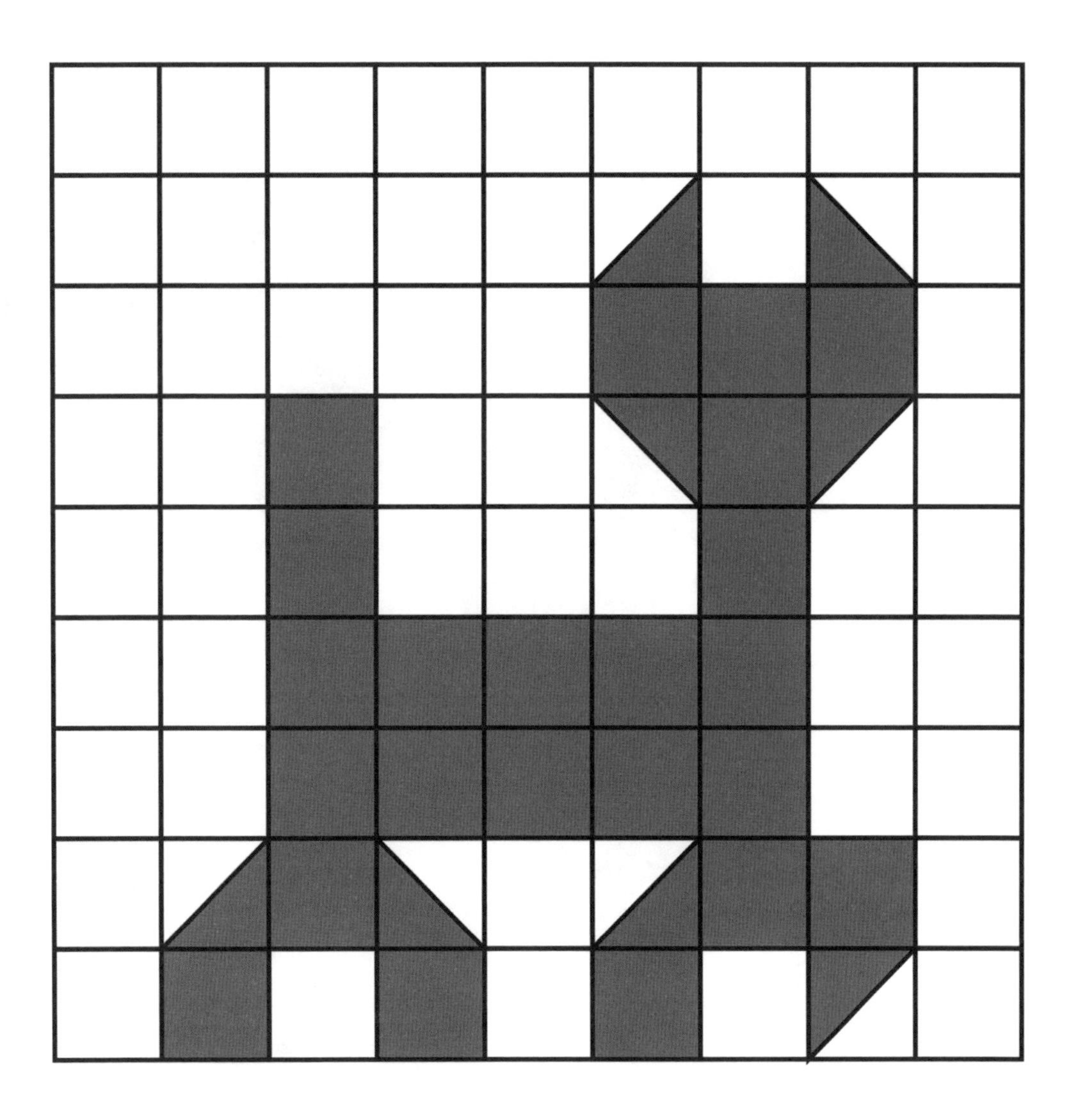

Desenhe uma linha reta que divida o quadrado grande em dois retângulos menores. Um retângulo está $\frac{1}{2}$ sombreado, e o outro, $\frac{1}{5}$.

O QUE É ISTO?

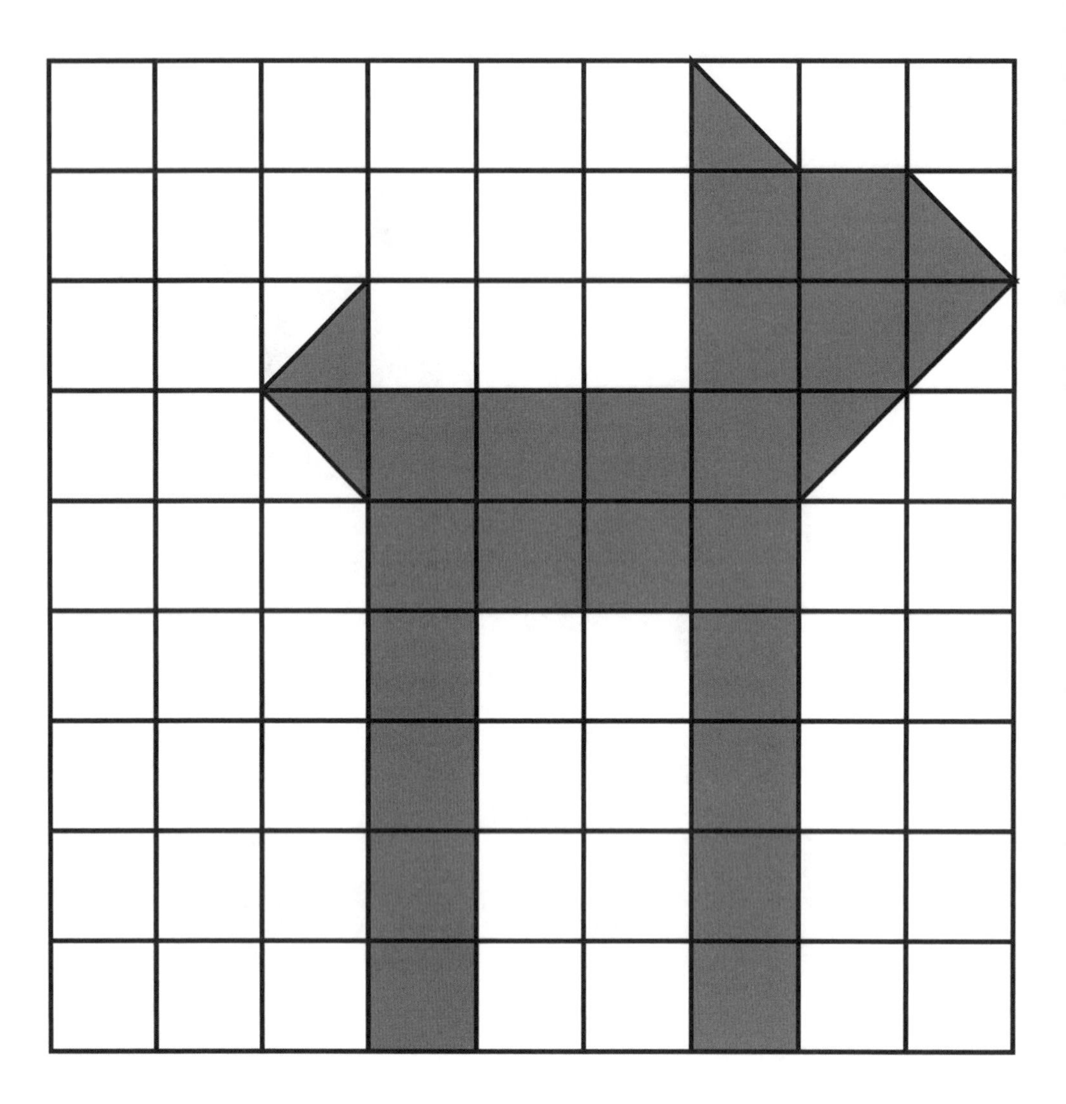

Desenhe duas linhas retas que dividam o quadrado em quatro retângulos menores. Um retângulo está $\frac{1}{2}$ sombreado, um está $\frac{1}{4}$ e dois estão $\frac{1}{5}$.

FAÇA SEU PRÓPRIO QUEBRA-CABEÇA DE FRAÇÕES!

EXPLORANDO A EQUIVALÊNCIA DAS FRAÇÕES

Na pesquisa sobre a compreensão de frações conduzida pelo projeto Estratégias e Erros na Matemática do Ensino Secundário,* em Londres, os estudantes receberam diferentes questões com frações para resolver. Quando os pesquisadores examinaram todos os resultados, coletados de mais de 800 estudantes, concluíram que os alunos sabiam usar diferentes métodos com frações, mas cometiam erros porque não tinham a compreensão do que realmente era uma fração, além de uma parte do todo. Falei sobre isso na introdução da Ideia fundamental 5 e mencionei a utilidade de ver as frações em uma reta numérica. Também discuti a importância de os alunos verem as frações como uma relação – um número – que resulta de como o numerador e o denominador se relacionam. Quando eles entendem as frações como uma relação, são mais capazes de entender equivalência, algo de que precisam quando somam ou subtraem frações.

Equivalência é uma ideia-chave no trabalho com frações, e está subjacente aos métodos de adição, ordenamento e subtração. Ela se baseia na ideia de uma relação, já que envolve pensar sobre o numerador e o denominador de uma fração conjuntamente. Um dos resultados do estudo com 800 estudantes em Londres (KERSLAKE, 1986) mostrou o erro comum que os alunos cometem quando pensam em adição de frações. Quando foram solicitados a somar $\frac{1}{3}$ e $\frac{1}{4}$, 29% dos que tinham 13 anos, 22% com 14 anos e 20% com 15 anos deram a resposta $\frac{2}{7}$. Quando dão essa resposta, estão pensando nos numeradores como dois números que podem ser somados e nos denominadores como dois números que também podem ser somados; não estão pensando em cada fração como um número. Fundamentalmente, precisam entender que não podem somar quartos e terços sem transformá-los em frações equivalentes.

Em nossa atividade **Visualize**, os alunos têm a oportunidade de aprofundar sua compreensão de um denominador comum com a ideia-chave de que elas são compostas de peças de igual tamanho. Uma concepção errônea recorrente no entendimento das frações é pensar que elas precisam ser não só do mesmo tamanho, mas também ter a mesma forma. Mas este não é o caso, e alguns dos exemplos em nossa atividade Visualize mostram frações iguais que são de formas diferentes. Será bom salientar essa ideia. Apresentamos trabalhos artísticos do mundo real para integrar frações com arte e para dar aos alunos a oportunidade de trabalhar com as cores.

Em nossa atividade **Brinque**, os alunos têm a oportunidade de formar suas próprias frações em uma forma de bolo. Iniciamos a atividade com uma pergunta aberta para explorarem. Mais uma vez eles conseguem ver que as frações podem ser do mesmo tamanho, mas de diferentes formas. Perguntamos: "de quantas maneiras diferentes você pode colorir a forma de bolo?", pois isso lhes dá escolha – o que é importante – e a chance de investigar diferentes possibilidades com seus colegas.

*N. de R.T: No original, Strategies and Errors in Secondary Mathematics Project.

Em nossa atividade **Investigue**, os alunos são convidados a criar seus próprios retângulos e a procurar padrões nas tabelas de frações equivalentes que são produzidas na discussão com toda a classe. Na criação dos diferentes retângulos que satisfazem certas condições, são novamente solicitados a desenhar matrizes visuais e a escrever com números, encorajando o uso de diferentes caminhos e conexões cerebrais. Essa atividade inclui a oportunidade para que sejam feitas escolhas, já que há muitas soluções possíveis, e para que tenham boas conversas sobre equivalência das frações depois que fizerem seus retângulos diferentes.

Jo Boaler

OBRAS DE PINTURA

Visão geral

Os alunos começam a desenvolver a compreensão da necessidade de peças em tamanhos iguais – um denominador comum – explorando as cores usadas em uma pintura geométrica. Eles tentam dar nomes fracionários às regiões coloridas e se deparam com a ideia de áreas desiguais.

Conexão com a BNCC*

EF04MA09, EF03MA21

Planejamento

Atividade	Tempo	Descrição/Estímulo	Materiais
Abertura	5 min	Apresente aos alunos exemplos de arte geométrica. Dê a tarefa de descobrir a fração de cada cor na pintura. Depois de encontrá-la eles irão ordenar as áreas de fração.	• Exemplos de arte geométrica. • Páginas da atividade Obras de pintura para mostrar aos estudantes.
Explore	30 min	As duplas trabalham para desenvolver estratégias para encontrar a fração que cada cor representa em diferentes pinturas.	Folhas da atividade Obras de pintura copiadas para que as duplas escolham entre elas. Elas podem tentar com mais de uma.
Discuta	15 min	Discuta as estratégias que os alunos desenvolveram e associe seu pensamento à ideia central de que uma unidade comum ou um tamanho de peça foi necessário em todas as cores.	Exemplos de estratégias dos alunos.
Amplie	20+ min	Os alunos geram seu próprio desenho que corresponde às frações coloridas que encontraram em uma das pinturas.	• Papel pontilhado (ver o Apêndice), muitas folhas por dupla. • Cores (canetinhas, giz de cera ou lápis coloridos).

Para o professor

A cor é parte importante desta atividade, mas sabemos que cópias coloridas nem sempre são possíveis. Estamos fornecendo exemplos de cada pintura em cores e também em escala de cinza. Se os alunos usarem a pintura em escala de cinza para encontrar as frações, provavelmente acharão a extensão mais interessante se puderem substituir

*N. de R.T.: No original, conexão com o CCSS: 4.NF.1 – Explicar por que uma fração $\frac{a}{b}$ é equivalente a uma fração $\frac{(n \text{ x } a)}{(n \text{ x } b)}$ utilizando modelos visuais de fração, com atenção a como o número e o tamanho das partes diferem ainda que as duas frações por si sejam do mesmo tamanho. Utilizar esse princípio para reconhecer e gerar frações equivalentes; 4.NF.2 – Comparar duas frações com diferentes numeradores e denominadores, por exemplo, criando denominadores ou numeradores comuns, ou comparando com uma fração de referência como $\frac{1}{2}$. Reconhecer que comparações são válidas apenas quando as duas frações se referem ao mesmo todo. Registrar os resultados de comparações com símbolos >, =, <, e justificar a conclusão, por exemplo, utilizando um modelo visual de fração.

o cinza por cores. Por exemplo, eles podem substituir preto por vermelho, cinza claro por verde, cinza escuro por amarelo e branco por cor de laranja. Isso deixará as pinturas mais interessantes de serem construídas e fará com que sintam orgulho delas.

ATIVIDADE

Abertura

Inicie a aula compartilhando com seus alunos alguns exemplos de trabalhos artísticos geométricos. Você poderá encontrar alguns exemplos no entorno da sua escola, em *sites* de museus ou em livros de arte da biblioteca, ou poderá mostrar os trabalhos de arte que fornecemos neste livro. A Figura 6.1 mostra um exemplo com o que os alunos irão trabalhar hoje. Os artistas que fizeram essas pinturas usam cores e formas para criar padrões e sentimentos interessantes. Ele pode usar muito uma determinada cor e apenas um pouco de uma cor diferente. Mas o quanto de cada cor está ali? Diga aos alunos que hoje irão examinar algumas pinturas geométricas como as que você mostrou e tentar descobrir qual fração da pintura cada cor representa. Mostre as pinturas enquanto explica a tarefa.

Explore

Permita que cada grupo ou dupla escolha uma das folhas da atividade Obras de pintura para iniciar sua exploração. Os alunos devem tentar desenvolver uma estratégia para encontrar a fração da pintura que cada cor representa. Eles devem registrar suas estratégias e as evidências nas folhas da atividade Obras de pintura, mostrando as frações que encontraram e como as encontraram. Se os parceiros terminarem uma pintura, poderão escolher outra para tentar. Encoraje-os a se desafiarem com pinturas que podem não ser fáceis de trabalhar. Solicite que escrevam sentenças numéricas mostrando as relações entre as frações das diferentes áreas coloridas em cada pintura. Por exemplo, na Figura 6.1, um aluno poderia escrever:

Área azul > área roxa porque

$$\frac{32}{100} > \frac{16}{100} \text{ ou } \frac{8}{25} > \frac{4}{25}$$

Área amarela = área vermelha porque

$$\frac{2}{100} = \frac{2}{100} \text{ ou } \frac{1}{50} = \frac{1}{50}$$

Discuta

Reúna os alunos para discutir as seguintes questões:

- quais estratégias você e sua dupla inventaram para encontrar a fração que cada cor representava?
- Diferentes pinturas precisaram de diferentes estratégias? Ou vocês puderam usar a mesma em todas as pinturas? Por quê?

Examine algumas das pinturas, particularmente uma que muitos alunos tenham escolhido e alguma que tenha representado um desafio para eles. Pergunte:

- que fração da pintura cada cor representa? Como vocês sabem?
- Alguém encontrou um nome de fração diferente para a mesma região?
- É possível que mais de uma resposta esteja correta? Por quê? Por que não?
- Quais cores foram as mais desafiadoras para descobrir? Por quê? O que vocês fizeram (ou poderiam ter feito) para lidar com esse desafio?

Amplie

Uma vez que tenham estabelecido os valores das frações para as cores em uma ou mais pinturas, os alunos podem criar seus próprios desenhos. Desafie-os a criarem uma pintura com frações de cores que correspondam a

Figura 6.1

Fonte: inspirada por *Double Centric: Scramble*, de Frank Stella, 1971.

uma das pinturas que exploraram. Eles devem pensar criativamente sobre como usar o espaço para que sua pintura pareça diferente, ao mesmo tempo ainda usando as mesmas frações de cores. Eles podem criar múltiplas pinturas para explorar as diferentes maneiras pelas quais as frações podem ser representadas. Devem identificar suas pinturas com as frações usadas por cada cor.

Note que essa tarefa é mais desafiadora do que identificar as frações nas pinturas já existentes, e os alunos podem ter dificuldade para desenvolver uma estratégia que funcione. Suas pinturas não precisam ser de um tamanho específico, e você pode encorajá-los a explorar as dimensões com as quais querem trabalhar para criar as frações que desejam combinar.

Encorajamos você a exibir as diferentes pinturas que os alunos criaram, talvez agrupadas em torno das pinturas que estão copiando. Isso pode permitir que outros vejam como o equilíbrio das cores é semelhante, mesmo quando as formas são diferentes.

Procure

- **Os alunos estão notando que as regiões para cada cor são de tamanhos diferentes?** Alguns alunos podem simplesmente ver quatro cores, digamos, em quatro regiões e concluir que cada uma é um quarto. Desafie essas conclusões perguntando como uma pequena região e outra grande poderiam representar a mesma fração.
- **Como os alunos estão tentando decompor o espaço para encontrar frações?** Todas as pinturas podem ser decompostas em formas de igual tamanho, mas nem todos os alunos escolherão as mes-

mas formas ou tamanhos. Observe se estão usando as formas menores como dicas para ajudá-los a decompor. Em caso negativo, pergunte o que planejam fazer com essa peça.

- **Os alunos estão dando diferentes nomes para as frações das mesmas regiões?** Esta é uma excelente oportunidade para fazer conexões com a equivalência. Se eles usarem peças de tamanhos diferentes para decompor a figura, naturalmente irão usar diferentes denominadores. Na discussão, certifique-se de colocar essas formas equivalentes à frente e no centro e faça perguntas sobre como ambas podem ser verdadeiras.

Reflita

Como a decomposição das figuras o ajudou a encontrar a fração que cada cor representava?

OBRAS DE PINTURA

Inspirada por *Red, Yellow, Blue*, de Ellsworth Kelly, 1963.

- Encontre a área de cada cor na figura a seguir.
- Escreva cada área como uma fração.
- Escreva afirmações que expressam a equivalência da fração e a ordem usando os símbolos <, > e =.

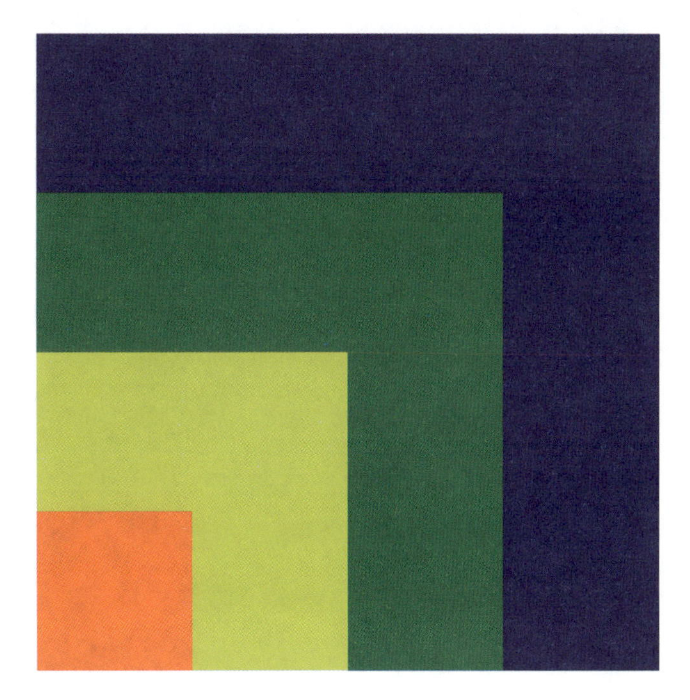

OBRAS DE PINTURA

Inspirada por *Red, Yellow, Blue*, de Ellsworth Kelly, 1963.

- Encontre a área de cada cor na figura a seguir.
- Escreva cada área como uma fração.
- Escreva afirmações que expressam a equivalência da fração e a ordem usando os símbolos <, > e =.

OBRAS DE PINTURA

Inspirada por *Double Centric: Scramble*, de Frank Stella, 1971.

- Encontre a área de cada cor na figura a seguir.
- Escreva cada área como uma fração.
- Escreva afirmações que expressam a equivalência da fração e a ordem usando os símbolos <, > e =.

OBRAS DE PINTURA

Inspirada por *Double Centric: Scramble*, de Frank Stella, 1971.

- Encontre a área de cada cor na figura a seguir.
- Escreva cada área como uma fração.
- Escreva afirmações que expressam a equivalência da fração e a ordem usando os símbolos <, > e =.

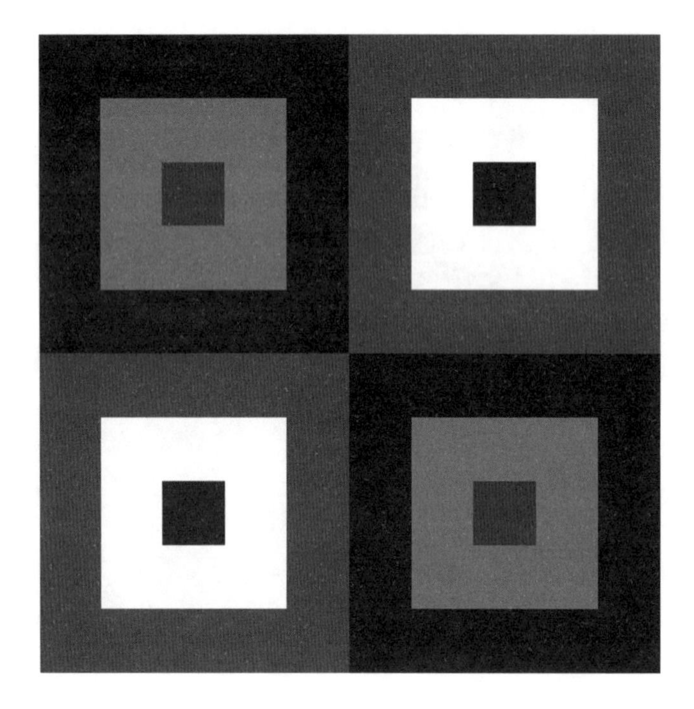

OBRAS DE PINTURA

Inspirada por *Composition II*, de Piet Mondrian, 1921.

- Encontre a área de cada cor na figura a seguir.
- Escreva cada área como uma fração.
- Escreva afirmações que expressam a equivalência da fração e a ordem usando os símbolos <, > e =.

OBRAS DE PINTURA

Inspirada por *Composition II*, de Piet Mondrian, 1921.

- Encontre a área de cada cor na figura a seguir.
- Escreva cada área como uma fração.
- Escreva afirmações que expressam a equivalência da fração e a ordem usando os símbolos <, > e =.

OBRAS DE PINTURA

Triângulos de Jen.

- Encontre a área de cada cor na figura a seguir.
- Escreva cada área como uma fração.
- Escreva afirmações que expressam a equivalência da fração e a ordem usando os símbolos <, > e =.

FRAÇÕES CODIFICADAS POR CORES

Visão geral

Nesta atividade, os alunos codificam por cores diferentes padrões com uma variedade de formas. O objetivo é que eles entendam que os modelos de frações não estão limitados a círculos e quadrados.

Conexão com a BNCC*

EF04MA09, EF03MA21

Planejamento

Atividade	Tempo	Descrição/Estímulo	Materiais
Abertura	10 min	Mostre aos alunos a forma de bolo e pergunte se os pedaços estão divididos igualmente entre Sam e seus três amigos. Discuta a fração que cada amigo receberá e como os alunos veem essas frações na forma.	Diagrama da Forma de bolo, para mostrar aos alunos.
Brinque	30 min	O jogo para os alunos diz respeito a como dividir o bolo igualmente entre 8, 6 e 12 amigos. Eles encontram múltiplas maneiras de codificar por cores os pedaços de bolo para mostrar partes iguais e os múltiplos nomes das frações para essas porções.	• Folhas da atividade Desafio da forma de bolo, uma folha para cada aluno. • Lápis de cor. • Opcional: blocos manipuláveis coloridos.
Discuta	15+ min	Discuta as maneiras que os alunos encontraram de dividir os pedaços de bolo, codificar por cores as formas e nomear a fração que cada amigo recebe.	• Folhas em branco com o Desafio da forma de bolo. • Lápis de cor.
Amplie	15 min	Peça que os alunos desenhem uma forma de bolo, depois que escrevam e explorem suas próprias perguntas.	• Papel quadriculado (ver o Apêndice). • Lápis de cor.

Para o professor

O objetivo desta atividade é dar aos alunos oportunidades para explorarem as relações entre as frações com formas diferentes de círculos e retângulos. Eles devem entender que as relações entre as frações podem ter qualquer forma quando todas têm área igual.

ATIVIDADE

Abertura

Mostre aos alunos o diagrama da forma de bolo (Fig. 6.2). Pergunte se os pedaços estão divididos igualmente entre Sam e seus três amigos. Coloque o problema dessa forma, pois pode haver algumas concepções errôneas

*N. de R.T.: No original, conexão com o CCSS: 4.NF.1 (ver nota na página 121); 4.NF.3 – Compreender a fração $\frac{a}{b}$ onde a>1 como a soma de frações 1/b.

que levarão a uma boa conversa. Solicite que os alunos determinem quantos pedaços de bolo cada pessoa receberá. Se você se expressar dessa maneira, alguns provavelmente irão dividir a forma entre quatro indivíduos e outros dividirão entre três. A beleza nesta atividade é a flexibilidade de 24. Ambos encontrarão uma resposta com um número inteiro. Colha as possíveis respostas como se estivesse fazendo uma conversa numérica. Depois que todos tiverem sido coletados, se houver diferenças na interpretação, cheguem a um acordo sobre quantas pessoas estão participando da divisão.

A seguir, pergunte aos alunos: como poderíamos nomear qual fração da forma cada amigo receberá? Mais uma vez, colete diferentes respostas e solicite que os alunos discutam como eles viram essas frações na forma. Alguns podem responder $\frac{1}{4}$ simplesmente porque quatro amigos estão dividindo o todo. Outros podem ver as cores se repetindo horizontalmente, a cada quarto do quadrado. Outros, ainda, podem notar o quadrado de quatro cores repetido seis vezes. Veja a Figura 6.3 para exemplos. Outros irão responder $\frac{6}{24}$ por meio de contagem. Encorajamos você a marcar o exemplo para mostrar como os alunos estão vendo as frações e como as frações que eles veem são equivalentes.

Faça a pergunta: como você poderia codificar a forma por cores para que seja dividida igualmente por 8, 6 e 12 amigos?

Os pedaços de bolo estão divididos igualmente entre Sam e seus três amigos?

Figura 6.2

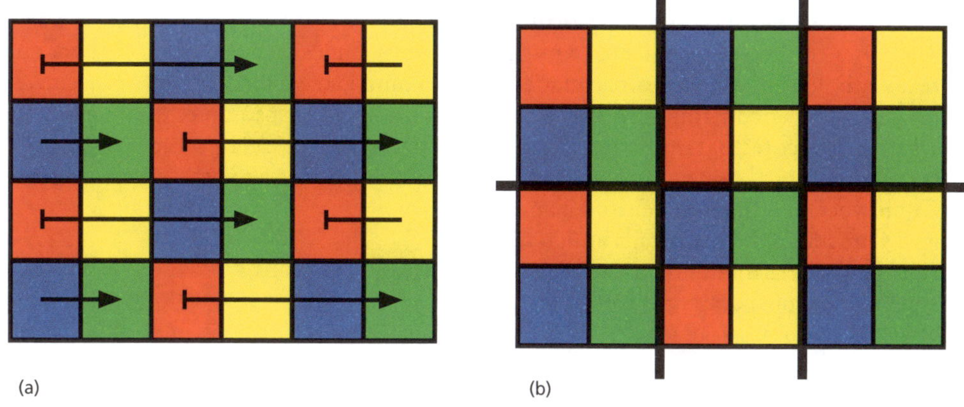

Figura 6.3

Brinque

Solicite que os alunos trabalhem com um colega para planejar maneiras de dividir as formas de bolo igualmente nas folhas da atividade Desafio da forma de bolo entre 8, 6 e 12 amigos, respectivamente. Peça que encontrem o máximo de maneiras possíveis de colorir as formas para apresentar partes iguais. Para cada forma que desenham, eles identificam a fração da forma que cada amigo recebe. Encoraje-os a encontrar muitos rótulos para a fração, como fizeram na abertura com $\frac{1}{4}$ e $\frac{6}{24}$. Alguns podem querer planejar suas formas usando primeiro os blocos manipuláveis coloridos, o que facilita sua alteração. Forneça-os como uma opção.

Amplie

- Solicite que os alunos usem o papel quadriculado (ver o Apêndice) para desenhar sua própria forma de bolo.
- Quantos amigos irão participar da divisão?
- De quantas maneiras diferentes você pode colorir sua forma de bolo para mostrar as soluções possíveis?
- Que fração da forma cada amigo irá receber?
- Haverá alguma sobra? Como os amigos irão lidar com as sobras?

Os alunos podem fazer muitos quebra-cabeças e compartilhar suas descobertas com a classe. Você também pode pedir que criem quebra-cabeças para trocar com os outros grupos depois que eles mesmos tentaram resolvê-los.

Discuta

Reúna os alunos com suas diferentes formas de bolo. Você pode ter um conjunto delas em branco para registrar seu pensamento em um projetor de imagens. Discuta as questões a seguir.

- Como você dividiu o bolo entre 8 amigos? Que fração da forma cada amigo receberá? Quais as diferentes maneiras que você encontrou para codificar a forma por cores para mostrar as partes iguais?
- Como você dividiu o bolo entre 6 amigos? Que fração da forma cada amigo receberá? Quais as diferentes maneiras que você encontrou para codificar a forma por cores para mostrar as partes iguais?
- Como você dividu o bolo entre 12 amigos? Que fração da forma cada amigo receberá? Quais as diferentes maneiras que você encontrou para codificar a forma por cores para mostrar as partes iguais?
- Como as diferentes formas de bolo nos ajudam a ver frações equivalentes?

Procure

- **Os alunos estão repartindo as formas igualmente?** A codificação por cores permite que dividam de muitas maneiras, o que também pode levar a desafios de organização e contagem. Eles podem se beneficiar do uso de blocos manipuláveis coloridos para reordenar e reorganizar a forma enquanto mantêm o número de quadrados de cada cor.
- **Como os alunos estão vendo e nomeando as frações?** Alguns podem simplesmente fazer como fizeram no 3º ano e contar as partes – por exemplo, 6 dos 24 pedaços de bolo que estavam na forma. A questão que os alunos precisam enfrentar é por que e como isso é o mesmo que $\frac{1}{4}$. Incentive-os a justificar os nomes das frações que estão dando a cada porção e a procurar novas maneiras de nomear essas porções.

Reflita

Quais são as coisas mais importantes a serem lembradas quando se trabalha com frações equivalentes?

DIAGRAMA DA FORMA DE BOLO

Sam tem uma forma de bolo que foi cortado em fatias de tamanhos iguais. Sam quer dividir os pedaços com três dos seus amigos. Eles foram divididos igualmente?

DESAFIO DA FORMA DE BOLO

Como os pedaços de bolo podem ser divididos igualmente entre **8 amigos**?

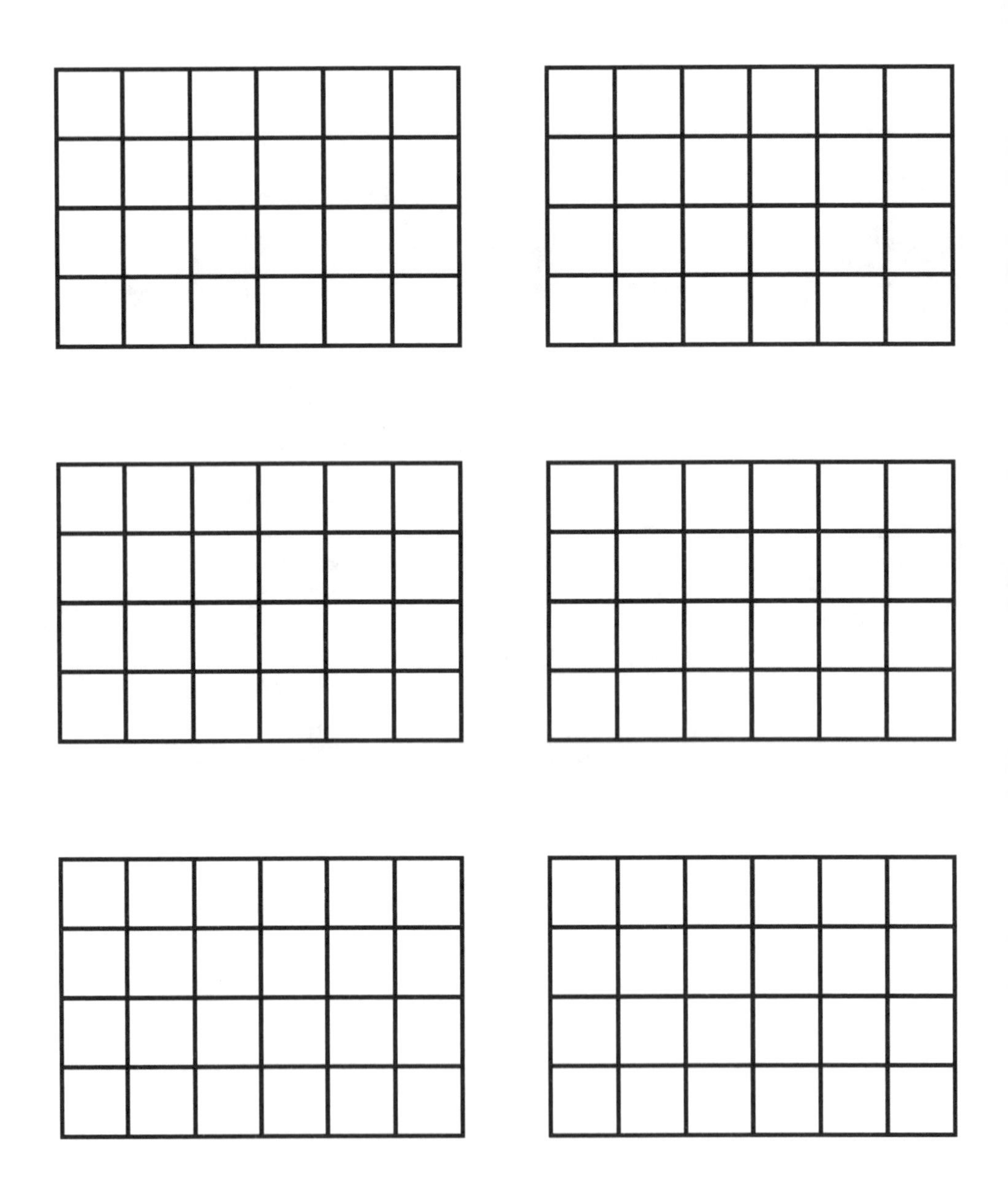

DESAFIO DA FORMA DE BOLO

Como os pedaços de bolo podem ser divididos igualmente entre **6 amigos**?

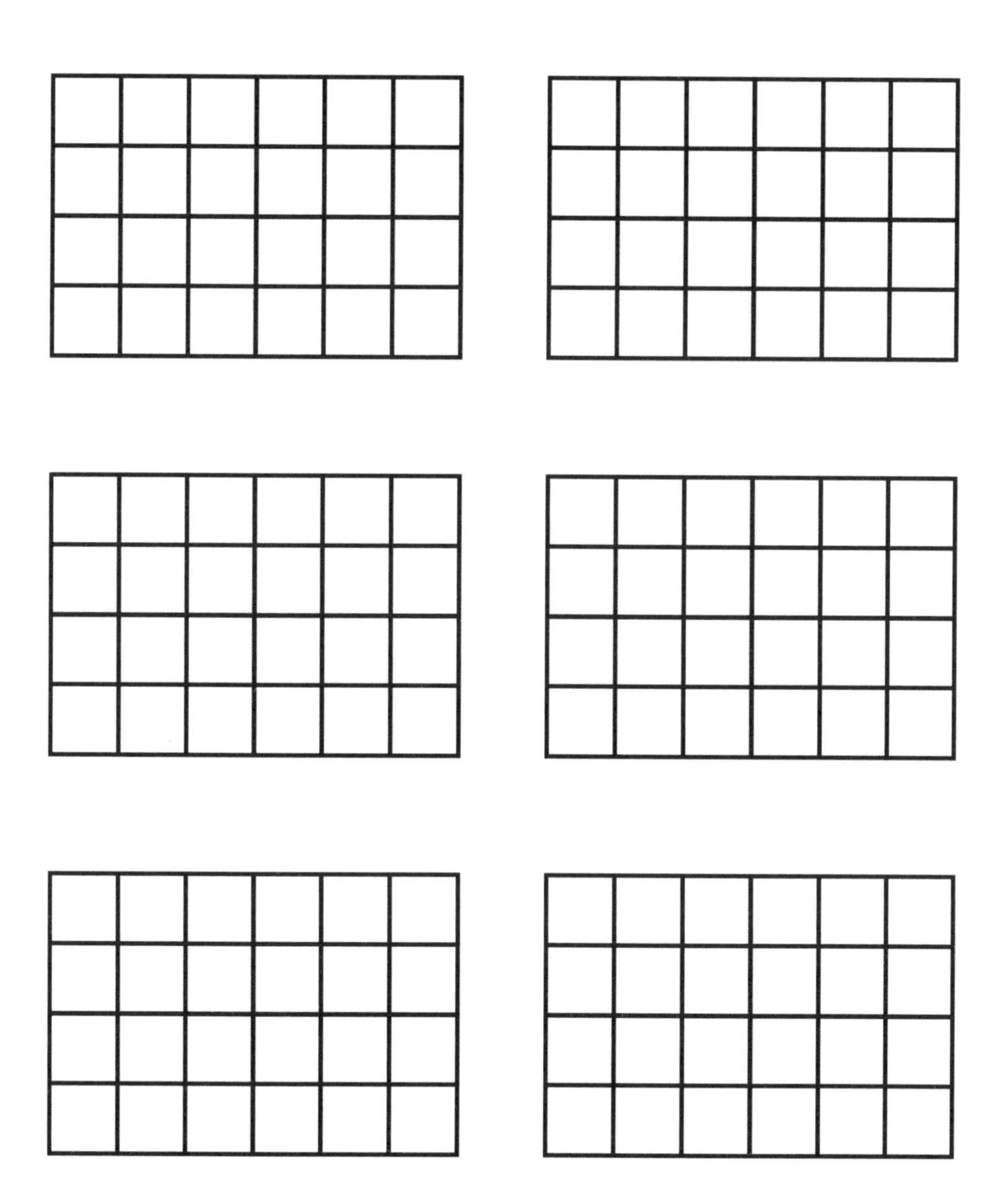

DESAFIO DA FORMA DE BOLO

Como os pedaços de bolo podem ser divididos igualmente entre **12 amigos**?

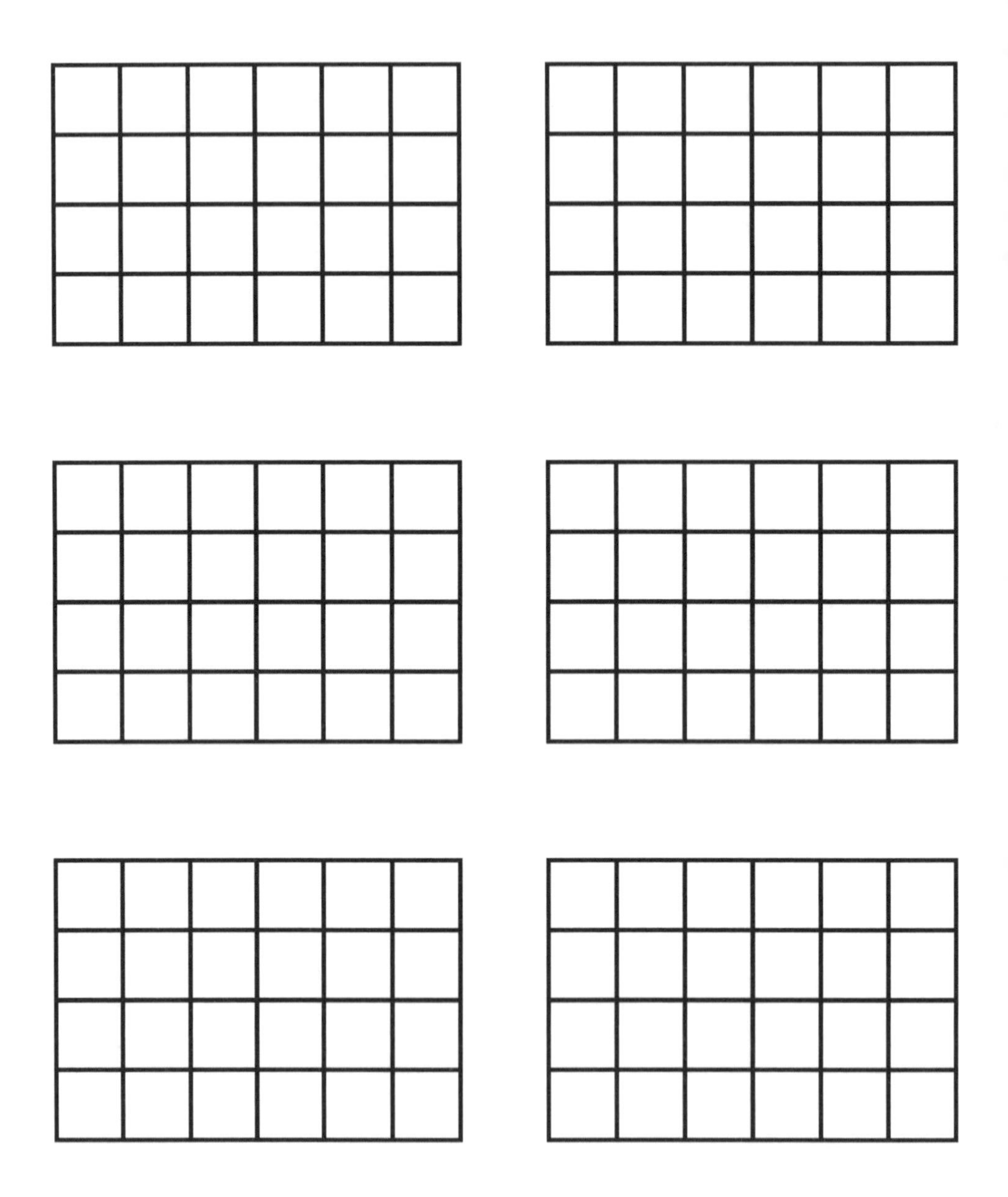

DESAFIO DA FORMA DE BOLO

Quantos pedaços de bolo há na forma? Se a forma de bolo tivesse sido dividida igualmente, com quantos amigos ela teria sido compartilhada? Que fração do bolo cada amigo recebeu?

Faça seu próprio desafio da forma de bolo. Você pode usar esta forma ou criar a sua.

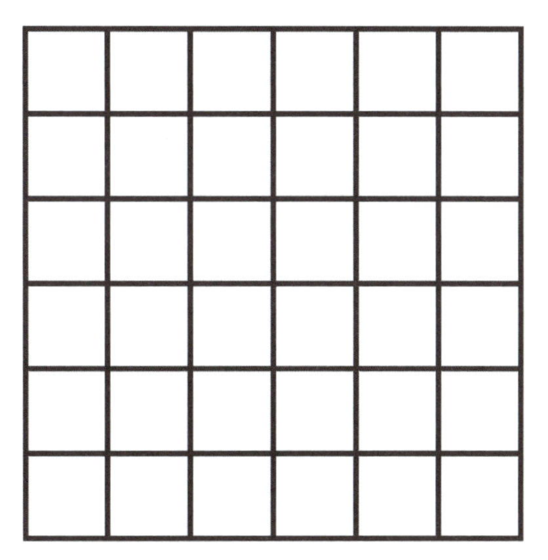

RETÂNGULOS EM MOSAICO

Visão geral

Os alunos investigam quebra-cabeças de frações tentando criar retângulos com diferentes proporções de cores. Seu objetivo é fazer o menor retângulo que possa satisfazer os parâmetros de fração dos quebra-cabeças. A classe trabalha em colaboração para procurar padrões que irão ajudá-los a encontrar retângulos para um conjunto de frações – um denominador comum.

Conexão com a BNCC*

EF04MA09, EF03MA21

Planejamento

Atividade	Tempo	Descrição/Estímulo	Materiais
Abertura	10 min	Lembre aos alunos do trabalho que fizeram na atividade visual Obras de pintura, descobrindo qual fração de uma pintura cada cor representava. Introduza a ideia de usar pastilhas quadradas para criar retângulos com diferentes frações de cores formando mosaicos.	• Exemplos da atividade Obras de pintura (ver a atividade Visualize). • Pastilhas quadradas dos blocos lógicos.
Explore	30+ min	Os alunos trabalham em duplas ou em pequenos grupos para investigar uma série de quebra-cabeças em que três cores representam diferentes frações de um retângulo. Trabalham em conjunto para descobrir de que tamanho podem fazer retângulos usando pastilhas quadradas que correspondam a cada quebra-cabeça.	• Pastilhas quadradas dos blocos lógicos, coleção de 10 por grupo. • Canetas ou lápis coloridos. • Folhas da atividade Retângulos em mosaico, muitas cópias por grupo.
Discuta	15 min	A classe organiza os retângulos que produziram em um diagrama que mostra as diferentes áreas dos retângulos que os alunos fizeram para cada quebra-cabeça. Use esse diagrama para procurar padrões de equivalência e denominadores comuns.	• Trabalho apresentado pelos alunos. • Papel de gráfico e canetinhas.

Para o professor

O tempo de exploração necessário para essa investigação vai depender da rapidez com que os alunos veem os padrões. Você pode achar que faz sentido compartilharem um pouco no fim do primeiro dia, reunindo os retângulos que os alunos fizeram no gráfico da classe, mas não conduza um debate completo até que eles tenham tido outro dia de trabalho e encontrado os padrões.

*N. de R.T.: No original, conexão com o CCSS 4.NF.1 e 4.NF.2 (ver nota na página 121).

ATIVIDADE

Abertura

Inicie esta investigação revisitando as pinturas que os alunos exploraram em Obras de pintura, a atividade Visualize desta Ideia fundamental. Você pode mostrar algumas das pinturas ou o próprio trabalho de alguns alunos. Naquela atividade, eles descobriram quais frações da pintura cada cor representava. Na investigação de hoje, irão fazer retângulos como aquelas pinturas, em que são usadas diferentes cores e em que cada uma representa uma fração dos retângulos. Vamos imaginar que quero fazer um retângulo em que $\frac{1}{3}$ do retângulo é azul, $\frac{1}{3}$ é vermelho e $\frac{1}{3}$ é amarelo. Quais retângulos eu poderia fazer? Podemos usar pastilhas quadradas coloridas para fazer um retângulo. Solicite que os alunos se virem para um colega e conversem sobre ideias de como poderíamos usar pastilhas quadradas coloridas para fazer um retângulo que seja $\frac{1}{3}$ azul, $\frac{1}{3}$ vermelho e $\frac{1}{3}$ amarelo.

Colete algumas ideias e as registre para que todos possam ver. Os alunos podem criar um retângulo que tenha uma pastilha de cada cor, duas de cada cor, e assim por diante. Pergunte: qual é a área de cada um? Que nome da fração podemos dar a cada cor? Identifique cada um com a área e as frações para cada cor. As identificações das frações incluirão $\frac{1}{3}$, mas também $\frac{2}{6}$ ou $\frac{3}{9}$, dependendo do retângulo criado. Use isso como uma oportunidade de mostrar como registrar, codificar com números e identificar o trabalho.

Diga aos alunos que isso é o que irão investigar hoje. Temos vários quebra-cabeças como este em que as cores são usadas para criar um retângulo. Sabemos qual fração cada cor representa e queremos descobrir que tamanho de retângulos podemos fazer com essas frações.

EXPLORE

Trabalhando em duplas ou em pequenos grupos, os alunos devem investigar os quebra-cabeças nas folhas da atividade Retângulos em mosaico. Recomendamos que tenham acesso a pastilhas quadradas* coloridas para criar fisicamente seus retângulos e explorar flexivelmente de que tamanho os retângulos podem ser feitos. Para cada retângulo que os alunos acham que representa frações, eles devem registrar, identificar e codificar por cores no papel de gráfico (ver o Apêndice). Depois, devem perguntar: podemos fazer um que seja de um tamanho diferente? Encoraje-os a fazer alguns retângulos de tamanhos diferentes para um mesmo quebra-cabeça antes de passarem para um novo. Trabalhar mais de uma vez no mesmo quebra-cabeça os ajudará a encontrarem padrões. Por exemplo, criando e buscando as soluções na Figura 6.4, eles podem observar que, quando a região azul é duplicada, todas as outras também são duplicadas.

Para os dois quebra-cabeças finais, a terceira cor não tem uma fração indicada. Ela simplesmente compõe o restante do retângulo. Os alunos devem tentar fazer retângulos e descobrir que fração a terceira cor representa.

DISCUTA

Em um diagrama, crie uma tabela com uma fileira para cada quebra-cabeça em que os alunos trabalharam e uma coluna para registrar os tamanhos (áreas) dos diferentes retângulos que eles encontraram, como o apresentado na Figura 6.5. Apresente um exemplo. Diga que você irá coletar dados de toda a classe para encontrar padrões. Para cada quebra-cabeça, solicite que os alunos compartilhem o tamanho dos retângulos que fizeram. Registre essas áreas na tabela da classe. Você também poderá querer

*N. de R.T: Na atividade original, as autoras sugerem o uso de pastilhas quadradas de plástico, como as presentes no material de blocos lógicos. Pastilhas quadradas coloridas de cartolina ou outro papel mais firme também cumprem a função.

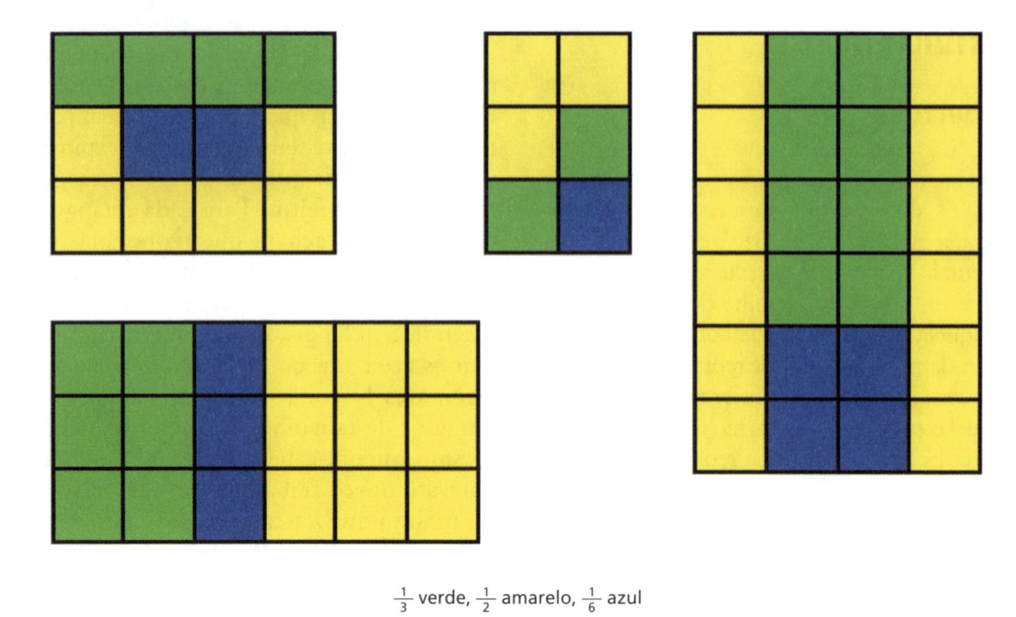

Figura 6.4

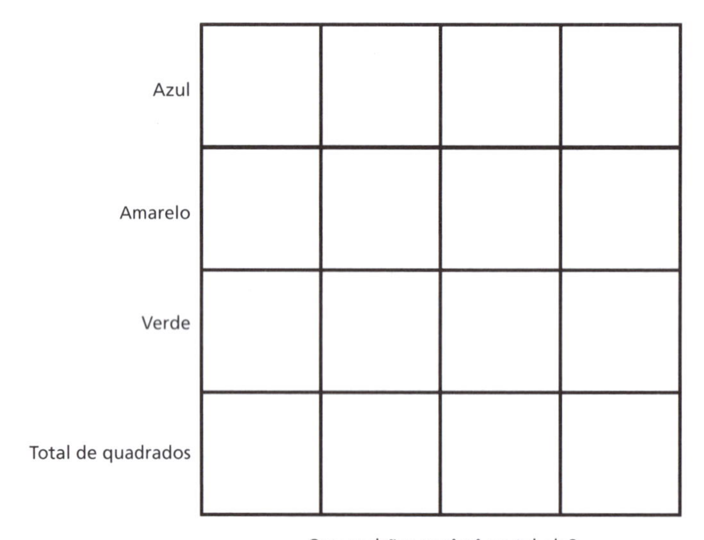

Figura 6.5 Tabela de registro de retângulos fracionários.

que eles mostrem suas soluções para cada quebra-cabeça em uma coleção dos retângulos agrupados pelo quebra-cabeça (p. ex., $\frac{1}{3}$ verde, $\frac{1}{2}$ amarelo, $\frac{1}{6}$ azul).

Solicite que a classe examine os resultados e discuta as seguintes questões:

- que padrões você observa? (Anote os padrões no gráfico.)
- Se quiséssemos prever que retângulos poderiam ser feitos a partir de um conjunto de frações, como poderíamos fazer isso apenas olhando para os números?

Você pode desafiar os alunos a preverem os tamanhos possíveis do retângulo para um conjunto de frações que eles não tinham visto, como $\frac{1}{35}$ vermelho, $\frac{1}{10}$ azul e $\frac{1}{14}$ amarelo. Você pode então fazê-los voltarem e testarem sua teoria tentando fazer retângulos utilizando a sua previsão.

- Se quiséssemos usar nossos retângulos para decidir qual fração no conjunto era a maior ou a menor, como poderíamos fazer isso?

Assegure-se de que os alunos percebem que criar frações com um denominador comum torna fácil a comparação. No caso destes retângulos, é a área do retângulo. Se os alunos ainda não aprenderam esse termo, aproveite essa oportunidade para introduzi-lo quando eles discutirem como os retângulos – e as frações dentro deles – os ajudam a comparar. Os padrões que observam na tabela de frações e os tamanhos dos retângulos são padrões que podem ajudá-los a encontrar um denominador comum para um conjunto de frações.

Procure

- **Os alunos estão pensando sobre o todo e as partes?** Eles podem tentar construir cada cor separadamente sem pensar em como ela se relaciona com o retângulo inteiro. Você poderá perguntar especificamente sobre o todo para ajudar a fazer as conexões: o quão grande é seu retângulo? Como você irá mostrar esta fração neste retângulo?
- **Como os alunos estão lidando com os diferentes denominadores?** Estes quebra-cabeças não são tão difíceis quando as frações compartilham um denominador, como no exemplo da abertura. Mas, com denominadores diferentes, os alunos vão precisar pensar nos denominadores para tentar diferentes retângulos, testar as cores e revisar.
- **Os alunos estão conectando os retângulos que fizeram para um determinado quebra-cabeça?** Você pode encorajá-los a encontrar uma solução para um quebra-cabeça e perguntar: como eu poderia alterar este retângulo para fazer um novo que correspondesse ao quebra-cabeça? Queremos criar oportunidade para os alunos verem que se duplicassem (ou triplicassem ou dividissem pela metade) a área de cada cor, poderia ser feito um novo retângulo.

Reflita

Como você pode encontrar um denominador comum para um conjunto de frações?

REFERÊNCIA

KERSLAKE, D. *Fractions:* children's strategies and errors. a report of the strategies and errors in Secondary Mathematics Project. Windsor: NFER-Nelson, 1986.

RETÂNGULOS EM MOSAICO

Quantos retângulos diferentes você consegue fazer que sejam

$\frac{1}{3}$ verdes, $\frac{1}{2}$ amarelos e $\frac{1}{6}$ azuis?

Desenhe cada retângulo que você encontrar. Identifique a área e os nomes da fração para cada cor nos retângulos.

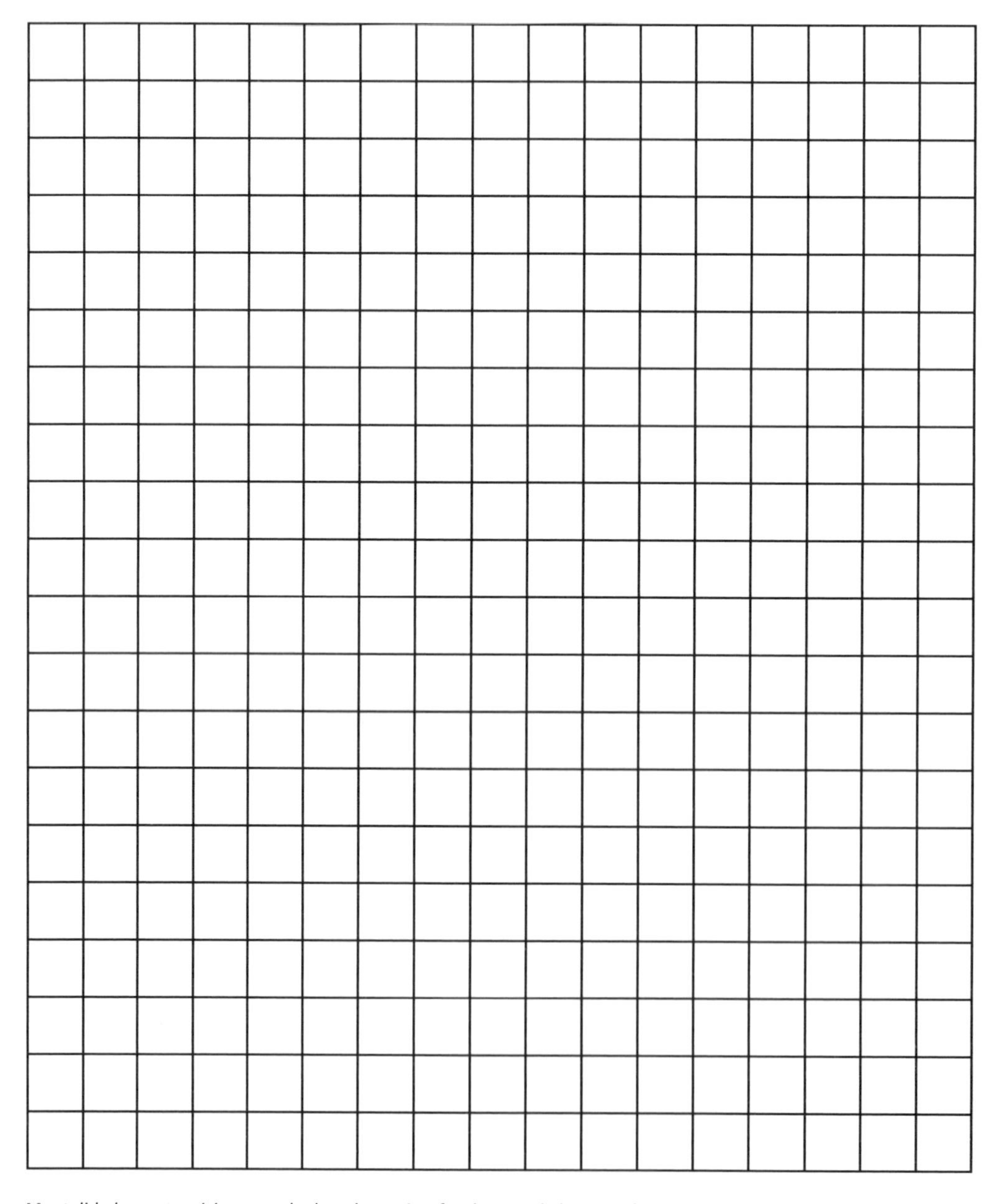

RETÂNGULOS EM MOSAICO

Quantos retângulos diferentes você consegue fazer que sejam

$\frac{1}{4}$ azuis, $\frac{5}{12}$ verdes e $\frac{1}{3}$ vermelhos?

Desenhe cada retângulo que você encontrar. Identifique a área e os nomes da fração para cada cor nos retângulos.

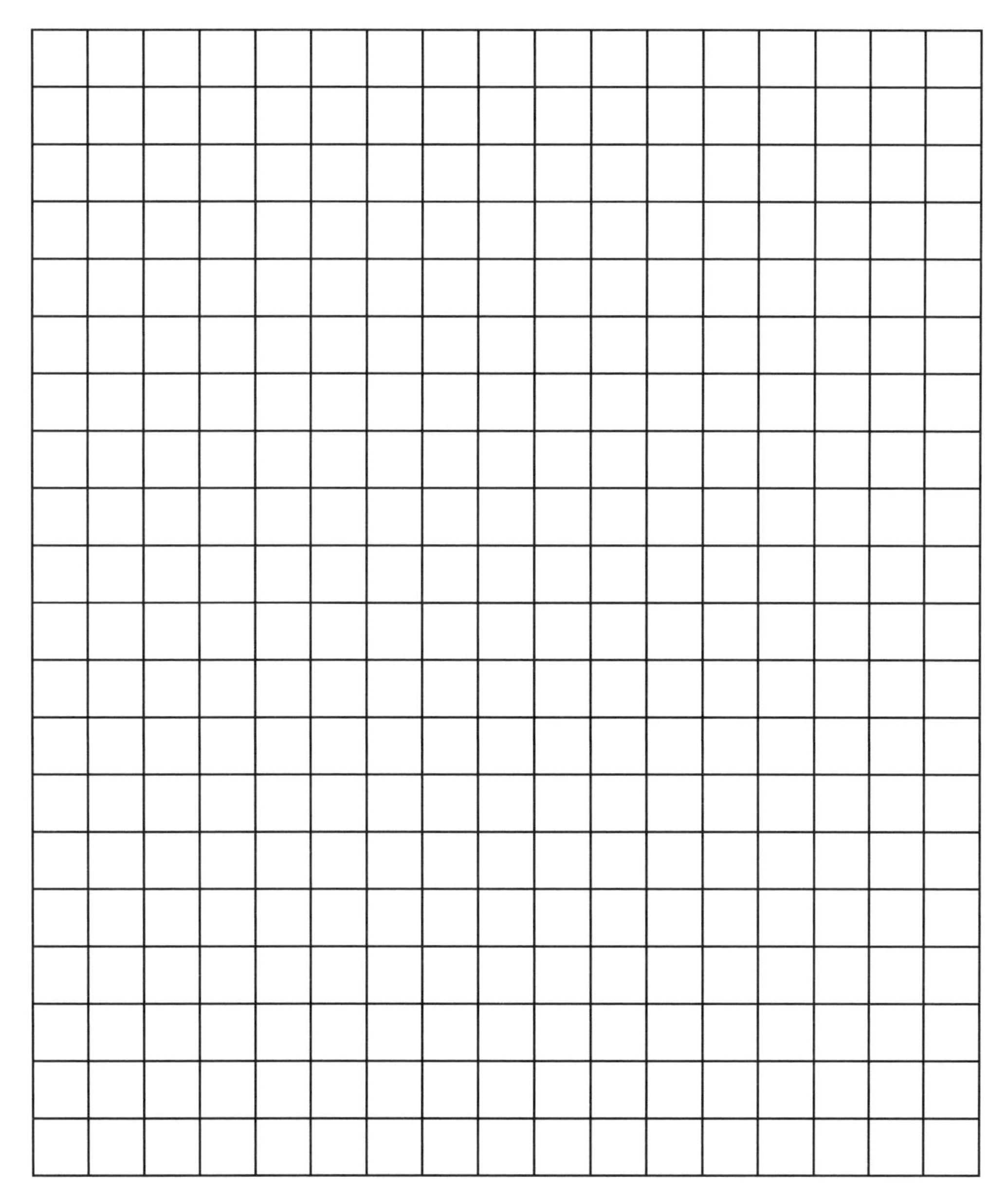

RETÂNGULOS EM MOSAICO

Quantos retângulos diferentes você consegue fazer que sejam

$\frac{1}{5}$ amarelos, $\frac{2}{4}$ vermelhos e $\frac{3}{10}$ verdes?

Desenhe cada retângulo que você encontrar. Identifique a área e os nomes da fração para cada cor nos retângulos.

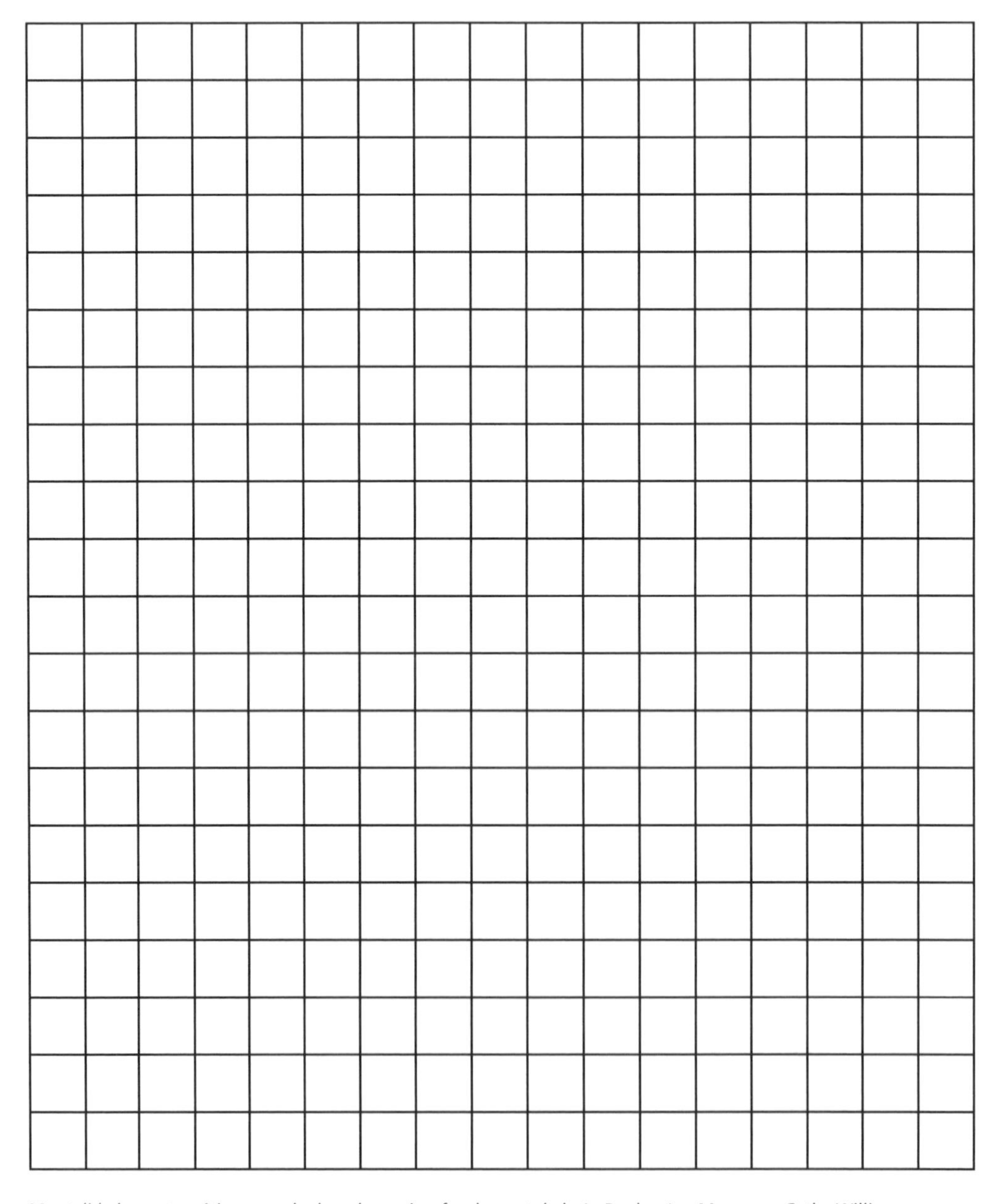

RETÂNGULOS EM MOSAICO

Quantos retângulos diferentes você consegue fazer que sejam

$\frac{2}{5}$ azuis, $\frac{3}{8}$ verdes e o restante amarelo?

Que fração será amarela?

Desenhe cada retângulo que você encontrar. Identifique a área e os nomes da fração para cada cor nos retângulos.

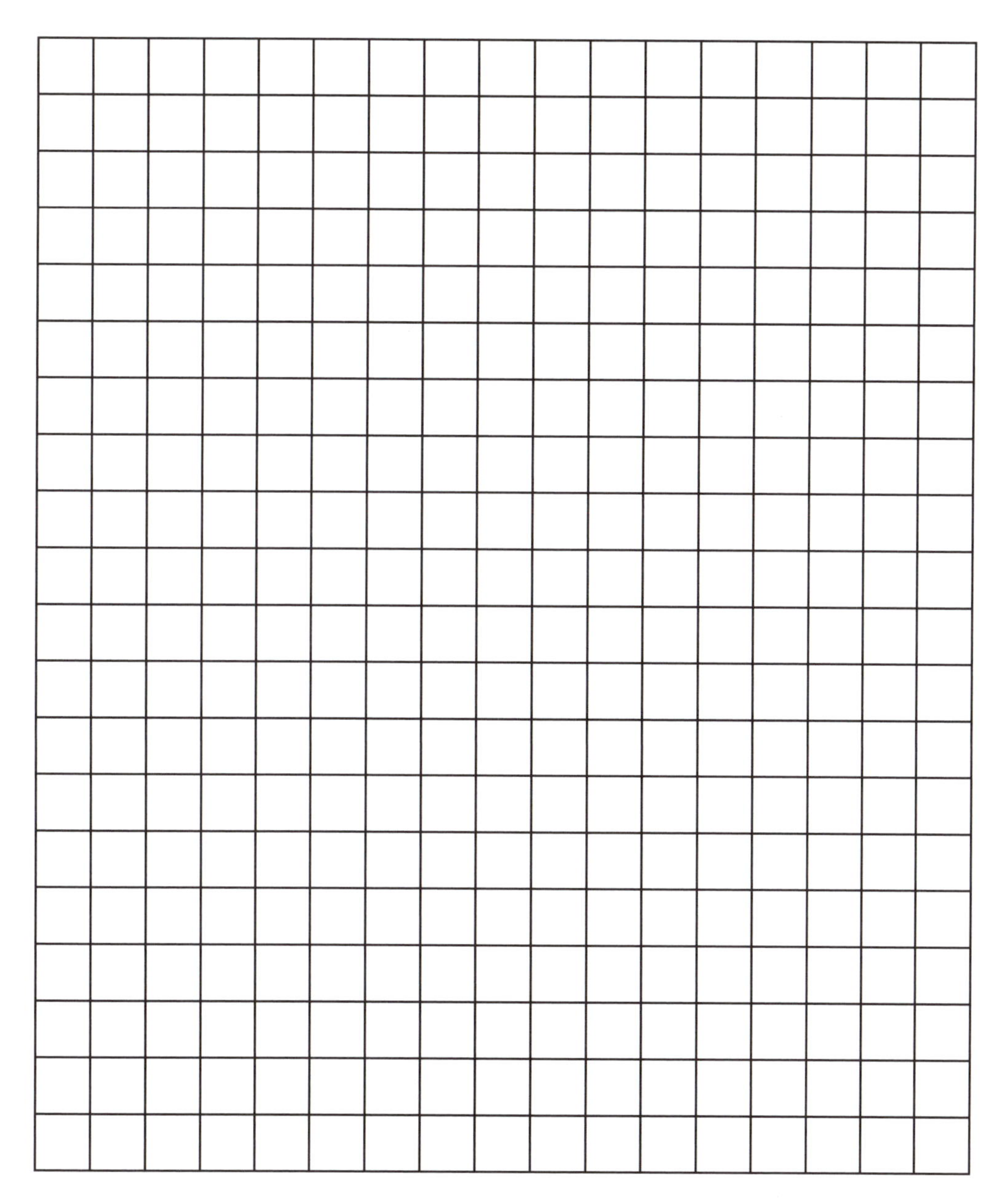

ILUSTRANDO MULTIPLICAÇÃO E DIVISÃO

Dois pesquisadores da Inglaterra (GRAY; TALL, 1994) estudaram a estratégias numéricas dos estudantes e encontraram algo importante: a diferença entre crianças de alto e baixo desempenho entre 7 e 13 anos não foi que os de alto desempenho soubessem mais, mas que haviam aprendido a ser flexíveis com os números. Quando viam problemas matemáticos, quebravam os números para torná-los "amigáveis", como os múltiplos de 10. Ser flexível com os números é extremamente útil ao trabalhar com multiplicação e divisão – por exemplo, saber que, quando é dado um problema como 17 x 19, uma maneira de resolver é multiplicar 17 x 20 e subtrair 17. Esse é um exemplo da flexibilidade numérica, que é um componente essencial do senso numérico. Esta Ideia fundamental ajuda os alunos não só a desenvolverem o senso numérico e a flexibilidade numérica, mas também a verem as relações de multiplicação e divisão.

Na atividade **Visualize**, os alunos são convidados a examinar algumas representações visuais diferentes de problemas de multiplicação e depois a fazer suas próprias provas visuais de algumas expressões matemáticas. A codificação por cores é muito importante nesta atividade – e irá ajudar os alunos a fazer conexões entre os números e as representações visuais, mais uma vez estimulando as conexões cerebrais que discuti nas notas da Ideia fundamental 1 e na introdução deste livro. Esta atividade é uma oportunidade ideal para destacar as diferentes estratégias úteis que eles podem empregar, tais como duplicação, divisão pela metade ou compensação. Os alunos também serão solicitados a observar diferentes características do trabalho dos outros colegas e a revisar o seu. Esta é uma oportunidade de fazer conexões entre o que eles fazem como escritores – revisando seu trabalho – e o que estão fazendo como pensadores matemáticos. Frequentemente, quando a matemática é apresentada por matemáticos, a impressão é de que o autor do trabalho matemático procede de uma forma linear e eficiente, partindo de uma questão até uma solução. Mas este não é o caso, e o matemático Imre Lakatos, em *Proofs and Refutations*,* fala sobre a natureza do trabalho matemático como um processo de "adivinhação consciente" sobre as relações entre quantidades e formas, com a prova seguindo um caminho em "ziguezague", partindo de conjecturas e avançando até o exame das premissas por meio do uso de contraexemplos ou "refutações" (LAMPERT, 1990, p. 30).

A natureza em ziguezague do trabalho matemático, com os matemáticos adivinhando sobre as relações e examinando diferentes ideias, ainda não é bem conhecida, mas pode realmente ajudar os alunos a valorizar o seu pensamento matemático. Sugiro destacar para os alunos que a apresentação e revisão de ideias é o verdadeiro trabalho matemático.

Em nossa atividade **Brinque**, os alunos são solicitados a posicionar retângulos em um tabuleiro de jogo, os quais escolhem a partir das

*N. de R. T: Na versão em português: LAKATOS, I. *A lógica do descobrimento matemático: provas e refutações*. Tr. Nathanael Caixeiro. Rio de Janeiro: Zahar, 1978.

diferentes combinações de números ao lançarem uma série de dados. Isso mais uma vez encoraja a flexibilidade numérica e as conexões entre números visuais e simbólicos. Também introduz a necessidade do pensamento estratégico. À medida que escolhem e posicionam os retângulos, os alunos precisarão pensar estrategicamente para cobrir todo o tabuleiro, que é algo que deve ser destacado quando eles começam a jogar. O jogo oferece muitas oportunidades de conversas sobre números, multiplicação e propriedades comutativas e associativas.

Em nossa atividade **Investigue**, os alunos são convidados a gastar algum tempo pensando sobre a divisão como um problema de área com retângulos. Eles recebem a área e o comprimento de um dos lados, e seu objetivo é encontrar o lado que está faltando usando um modelo visual para registrar seu progresso. Gostamos de pensar neste modelo como uma apresentação visual de quocientes parciais. Os alunos terão liberdade para serem criativos na forma como escolhem construir o retângulo para completar a área. Quando o retângulo estiver completo, eles deverão transformar a prova visual em sentenças numéricas para mostrar outra representação matemática. Esse processo os ajuda a construir conexões entre os caminhos visuais e numéricos no cérebro. Sua atenção a esta atividade irá ajudá-los a criar uma compreensão mais profunda da operação de divisão.

Jo Boaler

PROVA VISUAL

Visão geral

Nesta atividade, os alunos irão explorar as conexões entre modelos visuais e numéricos para a multiplicação. Criam seus próprios modelos como provas visuais e se engajam em um processo de devolutiva e revisão, assim como fazem os matemáticos.

Conexão com a BNCC*

EF04MA04, EF04MA06, EF04MA08

Planejamento

Atividade	Tempo	Descrição/Estímulo	Materiais
Abertura	15 min	Mostre aos alunos o problema 24 x 5 e as quatro provas visuais que o acompanham. Solicite que estudem as provas e determinem se são válidas.	• Folheto de 24 x 5 e quatro soluções, para apresentar em um projetor ou em um cartaz reproduzindo em cores as soluções do folheto. • Opcional: apostila de 24 x 5 e as quatro soluções, uma por aluno ou dupla.
Explore	20+ min	Os alunos trabalham em grupo para construir provas visuais para problemas de multiplicação, com base nos exemplos da abertura como modelos.	• Uma expressão matemática diferente por grupo retiradas do Banco de problemas. • Papel de gráfico e canetinhas para cada grupo.
Galeria de ideias	10 min	Os alunos apresentam suas provas. Em grupos, andam pela sala e dão devolutivas usando notas adesivas, observando quais características da prova estão claras, confusas ou têm potencial com a revisão.	• Cartazes com as provas dos alunos pendurados pela sala. • Notas adesivas para cada grupo.
Revise	5-10 min	Os grupos pegam seus cartazes com as provas, examinam as devolutivas e fazem correções para reforçá-la.	
Discuta	20 min	Reúna todos os alunos para discutir quais características do seu próprio trabalho e do dos outros tornaram as provas claras e compreensíveis. Faça um gráfico âncora com os alunos nomeando as características das provas visuais que eles identificam.	Cartaz para registro.

(Continua)

*N. de R.T.: No original, conexão com o CCSS: 4.NBT.5 – Multiplicar um número inteiro de até quatro dígitos por um número inteiro de um dígito, e multiplicar dois números com dois dígitos, utilizando estratégias baseadas no valor posicional e nas propriedades das operações. Ilustrar e explicar o cálculo utilizando equações, matrizes retangulares, e/ou modelos de área; 4.OA.5 – Gerar um padrão numérico ou de formas que siga uma determinada regra. Identificar características aparentes do padrão que não estão explícitas na norma. Por exemplo, dada a regra "Adicione 3" e o número inicial 1, gerar os termos da sequência resultante e observar que os termos aparentam alternar entre números ímpares e pares. Explicar informalmente porque os números continuarão a se alternar dessa forma.

(*Continuação*)

Atividade	Tempo	Descrição/Estímulo	Materiais
Explore	15+ min	Cada grupo recebe uma prova visual revisada de outro grupo e investiga a sua validade. Os alunos devem estar prontos para explicá-la para a classe.	Provas dos alunos em cartazes.
Discuta	15+ min	Cada grupo apresenta a prova que investigou e explica como ela funciona ou do que precisaria para funcionar.	Provas dos alunos em cartazes.

Para o professor

Esta aula se estenderá por dois (ou mais) dias, dando aos alunos mais tempo para entender e aprimorar o trabalho com as provas visuais. Há algumas coisas a considerar no que se refere à mediação desta aula. Primeiro, usamos cores estrategicamente nos modelos de prova apresentados na abertura para fazer conexões entre as ilustrações e os números. Se você não tiver acesso a cópias ou impressão em cores, planeje como irá compartilhar esses exemplos com cor. Você pode recriá-los em um cartaz usando marcadores coloridos ou projetá-los usando um projetor ou quadro inteligente.

Segundo, a revisão é uma parte importante desta atividade, e uma prática pouco aproveitada nas salas de aula de matemática. Os matemáticos se dedicam à revisão como uma parte central do desenvolvimento do seu pensamento, e os alunos frequentemente se dedicam à revisão da escrita. Faça conexões entre o trabalho que os alunos fazem como escritores e o que podem fazer como matemáticos. Para promover essa prática, reconheça e valorize quando os alunos revisam seu próprio pensamento ou trabalho.

Por fim, uma observação sobre a escolha dos números para esta atividade. Fornecemos um Banco de problemas como ponto de partida, mas você pode querer gerar seu próprio banco. Números diferentes apresentam desafios diferentes e possibilitam mais variedade nos modelos visuais. Em geral, os números compostos criam mais possibilidades do que os primos.

A multiplicação quando ambos os números contêm múltiplos dígitos é mais complexa e oferece mais caminhos possíveis do que multiplicar por um número de um só dígito. Um número logo abaixo de um número de referência (por exemplo, 39 está próximo de 40 e 24 está próximo de 25) oferece a oportunidade de compensação como uma estratégia eficiente. Esse tipo de estratégia, em que os alunos encontram um produto maior e subtraem a porção extra, é ilustrado na Figura 7.1. Ao multiplicar por um único dígito, 6, 7 e 8 são frequentemente muito mais desafiadores do que outros números, sendo 7 tipicamente o mais

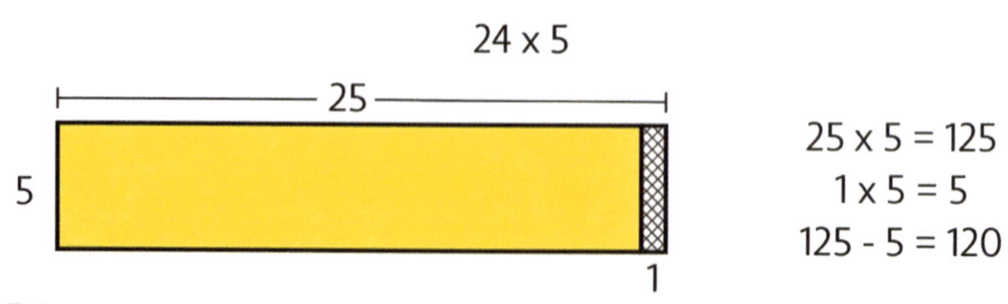

Figura 7.1

desafiador. Todos esses fatores podem ser levados em consideração quando você cria seus próprios problemas ou os escolhe no Banco de problemas.

ATIVIDADE

Abertura

Inicie esta aula pedindo que os alunos interpretem um conjunto de provas visuais. Mostre as provas visuais para 24 x 5 (em um cartaz ou projetor), uma por vez, e pergunte se conseguem interpretar o problema. Estimule-os a falar com um colega e explique como a representação visual está mostrando uma solução para 24 x 5. Isto pode requerer tempo para alguns, portanto, não é preciso se apressar. Peça que compartilhem o que encontraram e permita que se aproximem do gráfico, apontem e toquem para fazer conexões. O objetivo é mostrar as conexões entre as expressões matemáticas e a representação visual.

Depois que todas as provas forem interpretadas, pergunte à classe: o que faz essas soluções visuais serem claras? Você pode não precisar usar todas as provas – basta que se sinta confiante de que entendem como elas funcionam. Pergunte-lhes: o que os ajudou a compreender as provas? Certifique-se de que observam o uso das cores, fazendo conexões entre as figuras e os números. Se não estiverem familiarizados com modelos de área para multiplicação, poderão precisar de muito tempo para encontrar sentido nas figuras, e podem se beneficiar de exemplos adicionais com números menores.

Explore

Designe a cada grupo um problema do Banco de problemas. Veja a seção Para o professor para ponderações sobre complexidade. Solicite que cada grupo crie provas visuais em um cartaz para mostrar e justificar a resposta. Diga-lhes que podem ser retângulos e quadrados para fazer uma prova visual. O cartaz deve incluir o problema e o desenho que mostra a solução visual para ele. Encoraje os alunos a usar codificação por cores no desenho e a associar a codificação às expressões matemáticas. O objetivo é tornar a prova convincente para os outros.

Galeria de ideias

Solicite que os alunos exponham pela sala de aula seus cartazes com as provas. Diga-lhes que deverão andar pela sala em grupo para examinar as provas que os outros desenvolveram. As perguntas a seguir são orientadoras para esse passeio pela galeria.

- Como eles tornaram sua prova particularmente clara?
- Que perguntas você tem sobre a prova?
- Que sugestões você tem para o grupo de como tornar sua prova mais clara ou mais fácil de entender?

Dê aos grupos mais notas adesivas para registrarem suas devolutivas. Encoraje os alunos a darem uma devolutiva que seja específica e a colocarem as notas adesivas em um ponto do cartaz em que a devolutiva faça sentido. Por exemplo, se os alunos acham uma determinada parte confusa, colocam a nota adesiva com sua pergunta naquele ponto. Você poderá querer falar sobre os tipos de devolutivas úteis, específicas e claras, caso eles não tenham experiência em dar devolutivas dessa maneira.

Revise

Devolva os cartazes aos grupos que os criaram. Os alunos devem ter alguns minutos para examinar toda a devolutiva e discutir como podem revisar seu cartaz para torná-lo mais claro ou mais fácil de entender. Encoraje a revisão como uma parte importante do processo matemático. Eles podem simplesmente fazer acréscimos ao cartaz atual ou até mesmo criar uma nova versão, caso queiram fazer novas representações visuais.

Discuta

Reúna todos os alunos para discutir as questões a seguir:

- O que torna uma prova particularmente clara e compreensível?
- Quais características nos diferentes cartazes você gostou? Por que elas foram úteis?
- Que tipos de coisas você revisou? Por quê? O que você acha que as suas revisões fizeram para a sua prova?

Quando você identificar as características que tornam uma prova particularmente clara, efetiva ou compreensível, acrescente-as a um gráfico da classe que os alunos possam usar como referência para um trabalho futuro.

Explore

Ofereça a cada grupo o cartaz revisado de outro grupo. O objetivo será tentarem compreender as provas visuais oferecidas no cartaz e decidir se são válidas. Os grupos devem levar em conta as questões a seguir.

- O que está acontecendo na prova? Como o grupo resolveu o problema?
- A solução funciona? Por quê? Por que não?
- Se a solução não funciona, o que precisaria acontecer para fazê-la funcionar? Alguma coisa está faltando ou algo precisa ser revisado?
- Como você explicaria esta prova para os outros?

Os grupos devem se preparar para explicar a prova, se ela funciona e por quê, e preparar alguma sugestão para fazê-la funcionar, caso não funcione.

Discuta

Cada grupo apresenta à classe a solução que estudou. Sua apresentação deve abordar as questões a seguir.

- O que está acontecendo nesta prova?
- Como e por que a solução funciona (caso funcione)?
- O que seria necessário para fazê-la funcionar (caso ainda não funcione)?
- Por que foi convincente?

Procure

- **Os alunos parecem conectar o diagrama visual à expressão matemática?** Faça perguntas de sondagem sobre como os dois estão conectados, caso essas conexões não sejam aparentes. Encoraje-os a usar cores, flechas ou outras características para torná-las claras.
- **Como os alunos estão separando os números e ilustrando suas partes no diagrama visual?** Observe os tipos de estratégias que estão usando para decompor, incluindo o uso do valor posicional, da duplicação ou da divisão pela metade, da compensação, dos números amigos ou a combinações destes.
- **Os alunos estão lendo as provas visuais dos outros com compreensão?** A interpretação dos diagramas feitos pelos outros (incluindo os modelos na abertura) requer um tipo diferente de leitura matemática que os alunos normalmente praticam. Você pode achar útil perguntar o

que eles pensam que os criadores da prova fizeram primeiro, o que fizeram na sequência, e assim por diante.

- **Os alunos conseguem ver a resposta à expressão numérica no diagrama visual?** Oriente-os sobre como interpretar o diagrama não só como um processo, mas como uma solução. A solução é a soma das áreas dos retângulos menores, exceto em uma estratégia de compensação, em que é necessária a subtração. Isso pode ser difícil de entender e vai requerer alguma discussão sobre como funciona e por quê.

Reflita

Como os modelos visuais de multiplicação o ajudam a entender como multiplicar?

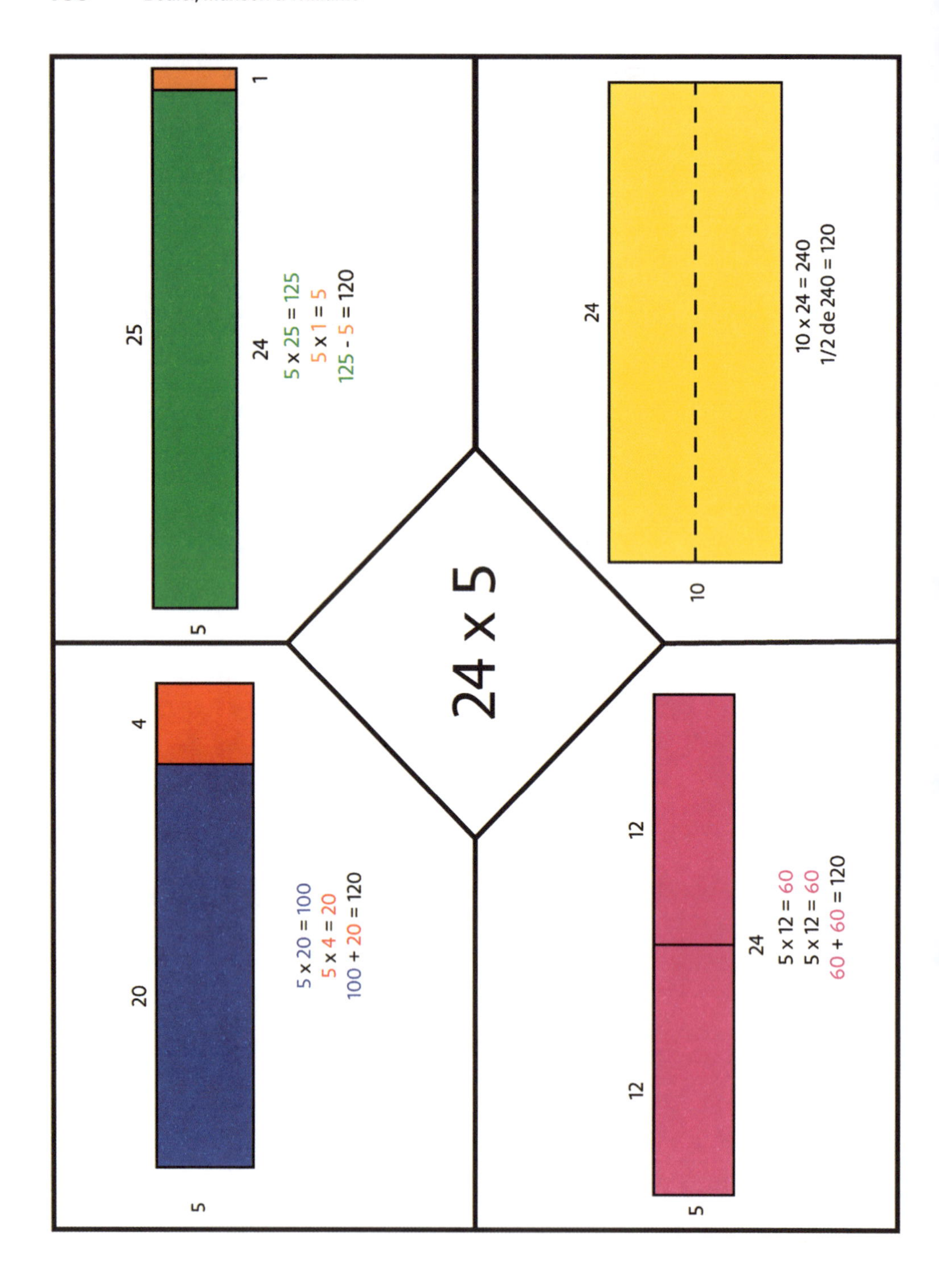
24 x 5
25
1
5
24
5 x 25 = 125
5 x 1 = 5
125 - 5 = 120
4
20
5
5 x 20 = 100
5 x 4 = 20
100 + 20 = 120
24
10
10 x 24 = 240
1/2 de 240 = 120
12
12
5
24
5 x 12 = 60
5 x 12 = 60
60 + 60 = 120

BANCO DE PROBLEMAS

36 x 8	78 x 6
295 x 4	124 x 9
1.132 x 5	2.519 x 4
45 x 19	16 x 32
51 x 22	39 x 25

CUBRA O CAMPO

Visão geral

Os alunos brincam com a ideia de decompor retângulos tentando "cobrir o campo" – um amplo espectro – com retângulos menores que eles criam lançando dados. Eles precisam pensar flexivelmente sobre os retângulos que fizeram e como encaixá-los dentro do seu campo.

Conexão com a BNCC*

EF04MA02, EF04MA04, EF04MA07, EF04MA08, EF04MA12

Planejamento

Atividade	Tempo	Descrição/Estímulo	Materiais
Abertura	10 min	Lembre aos alunos do trabalho que fizeram com a decomposição dos retângulos. Mostre como jogar o jogo e como registrar as equações para cada rodada.	Folha de registro para Cubra o campo e três dados para mostrar como jogar.
Brinque	30 min	Os alunos jogam Cubra o campo em duplas, lançando os dados, decidindo sobre as dimensões dos retângulos e usando-os para cobrir uma área da maneira mais completa possível.	• Quatro dados por dupla. • Tabuleiro do jogo Cubra o campo, um por aluno. • Folha de registro Cubra o campo, meia folha por aluno. • Réguas (opcional).
Discuta	10+ min	Discuta as estratégias que os alunos desenvolveram e como tomaram decisões sobre como usar as jogadas com os dados para criar as dimensões dos retângulos.	

Para o professor

O foco deste jogo é construir sobre a decomposição que os alunos começaram a aprender com retângulos. Agora eles devem pensar flexivelmente sobre como criar retângulos que melhor se encaixem no espaço disponível na sua grade. Escrevemos as regras do jogo com a ideia de que os alunos somarão dois dos dados para criar uma dimensão do retângulo e somarão os outros dois para a outra. Por exemplo, se um jogador lança 5, 3, 2 e 1 nos dados, os seguintes retângulos serão possíveis:

$(5 + 3) \times (2 + 1) = 8 \times 3 = 24$

$(5 + 2) \times (3 + 1) = 7 \times 4 = 28$

$(3 + 2) \times (5 + 1) = 5 \times 6 = 30$

*N. de R.T.: No original, conexão com o CCSS: 4.NBT.5 (ver nota na página 151); 4.OA.1 – Interpretar uma equação multiplicativa como uma comparação – por exemplo, interpretar 35 = 5 x 7 como uma afirmação na qual 35 é 5 vezes maior do que 7, e 7 vezes maior do que 5. Representar afirmações verbais de comparações multiplicativas como equações multiplicativas; 4.OA.4 – Encontrar todos os fatores pares para um número inteiro no intervalo 1-100. Reconhecer que um número inteiro é um múltiplo de todos os seus fatores. Determinar se um determinado número inteiro no intervalo 1-100 é um múltiplo de um dado número de um dígito. Determinar se um dado número inteiro no intervalo 1-100 é primo ou composto.

Os alunos precisarão registrar suas equações, e recomendamos que o façam como fizemos aqui. Esta é uma boa oportunidade para introduzir o uso de parênteses. Uma adaptação que tornará o jogo mais desafiador e flexível é oferecer a eles a opção de encontrar a soma ou a diferença entre dois dados para fazer uma dimensão do retângulo. Isso significaria, por exemplo, que, se um jogador lançasse 5, 3, 2 e 1, ele poderia fazer os retângulos listados anteriormente, ou poderiam fazer os seguintes retângulos adicionais:

$$(5 - 3) \times (2 + 1) = 2 \times 3 = 6$$
$$(5 - 2) \times (3 + 1) = 3 \times 4 = 12$$
$$(3 - 2) \times (5 + 1) = 1 \times 6 = 6$$
$$(5 - 3) \times (2 - 1) = 2 \times 1 = 2$$
$$(5 - 2) \times (3 - 1) = 3 \times 2 = 6$$
$$(3 - 2) \times (5 - 1) = 1 \times 4 = 4$$

Observe que esses retângulos menores se tornam úteis à medida que o tabuleiro é preenchido e os espaços menores se tornam difíceis de preencher. Você pode escolher jogar a versão original deste jogo no primeiro dia e depois oferecer esta apresentação em um segundo dia. Você precisará usar a folha de registro para Cubra o campo e mostrar aos alunos como colocar o símbolo da operação de sua escolha (+ ou -) nos parênteses vazios. Se você usar esta variação, poderá discutir com os alunos como o fato de jogar com a subtração modificou como eles pensavam sobre suas decisões e como os jogos terminaram.

ATIVIDADE

Abertura

Inicie este jogo lembrando aos alunos do trabalho que eles têm feito para pensar flexivelmente para encontrar a área dos retângulos como formas de multiplicar. No jogo de hoje, Cubra o campo, irão brincar com a cobertura de uma grande área com retângulos menores. Demonstre o jogo em um projetor ou no quadro. Destaque as decisões que eles precisarão tomar para cobrir seus campos e como registrar uma equação para cada retângulo que fizerem. Você poderá dar atenção específica sobre como usar os parênteses na equação.

Brinque

Para jogar Cubra o campo, cada aluno precisará de uma dupla, um tabuleiro desse jogo e uma folha de registro. As duplas precisarão de quatro dados (de seis lados). O objetivo do jogo é cobrir seu campo o mais completamente possível.

Orientações para o jogo

- Os jogadores se alternam. Na sua vez, lance os quatro dados.
- Use os valores mostrados nos quatro dados para encontrar o comprimento e a largura do retângulo que você quer formar. Você deve escolher como fazer dois pares de dados se somarem para se transformarem em cada lado do retângulo.
  - Por exemplo, se você lançar 6, 4, 3 e 1, poderá escolher somar 4 + 3 para obter um lado de 7 e 6 + 1 para obter um lado de 7. Seu retângulo então seria de 7 x 7. Ou você poderia somar 3 + 6 para obter um lado de 9 e 4 + 1 para obter um lado de 5. Seu retângulo então seria de 9 x 5.
  - Você precisa pensar sobre quais retângulos pode fazer e quais seriam mais úteis para cobrir seu campo.
- Depois de decidir sobre o retângulo que deseja fazer com seus dados, desenhe-o no seu campo em qualquer lugar que desejar. Você não pode sobrepor a algum retângulo já existente. E não pode dividi-lo em pedaços menores.

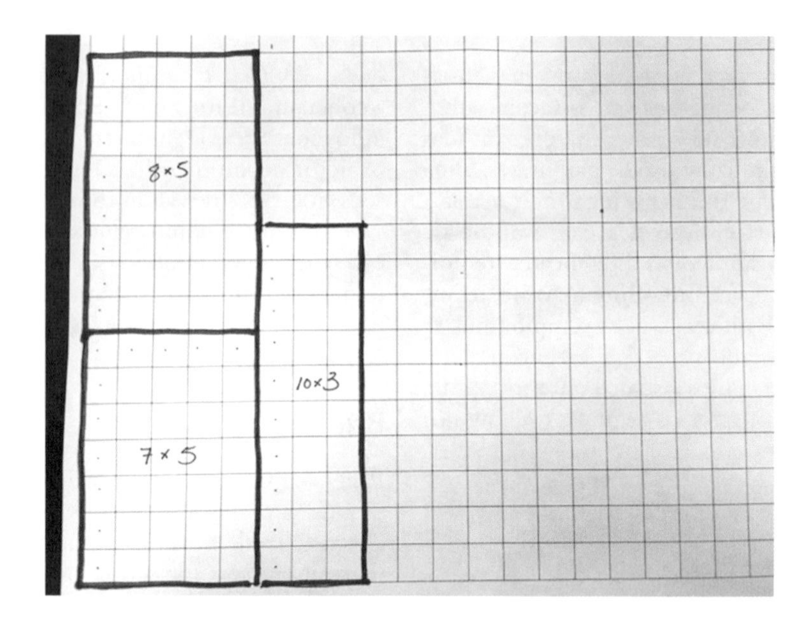

- Rotule e registre. Rotule as dimensões do seu retângulo no seu campo. Registre a equação que você criou para encontrar a dimensão e a área.
- O jogo termina quando um jogador lançar os quatro dados e não conseguir formar nenhum retângulo que se encaixe no seu campo.
- Para determinar o vencedor, encontre a área total do campo que você cobriu. Quantos quadrados você cobriu? O jogador que cobrir a maior área vence.

Discuta

Reúna os alunos para discutir as questões a seguir.

- De que maneira você decidiu como usar seus dados para formar um retângulo? Sobre o que você estava pensando?
- Como suas decisões mudaram desde o início até o fim do jogo?
- Se você quisesse formar o maior retângulo possível, como usaria seus dados?
- Se você quisesse formar o menor retângulo possível, como usaria seus dados?
- O que tornou este jogo desafiador para você? Como você lidou com isso?
- Em que aspectos este trabalho foi semelhante à visualização da multiplicação? Em que aspectos ele foi diferente?

Procure

- **Os alunos estão considerando as diferentes maneiras que podem usar os dados?** Alguns podem formar pares automaticamente e somar os dados sem considerar todas as suas opções. Encoraje-os a examinar os diferentes retângulos que fizerem para decidir qual é a melhor escolha estratégica para seu campo.
- **Os alunos estão posicionando seus retângulos estrategicamente?** Estão considerando a orientação que faz mais sentido estrategicamente? Alguns podem ficar presos ao pensamento de que a dimensão mais longa deve ser horizontal, mas eles podem orientar seu retângulo de qual-

quer maneira. Encoraje-os a pensar flexivelmente sobre a propriedade comutativa: 4 x 11 = 11 x 4.

- **Os alunos estão pensando em maneiras de maximizar e minimizar áreas retangulares?** No início do jogo, formar retângulos grandes faz sentido. Os alunos estão tentando formar os maiores possíveis? Como estão pensando sobre isso? Próximo ao fim do jogo, quando os espaços se tornam pequenos, formar retângulos pequenos pode fazer mais sentido. Como os alunos estão pensando sobre o uso dos dados para formar um retângulo pequeno?
- **Como os alunos estão encontrando a área total coberta?** Eles podem somar os retângulos ou somar os resultados das equações. Outros podem encontrar a área não coberta e subtrair.

Reflita

Que conselho você daria a alguém que fosse jogar este jogo?

CUBRA O CAMPO

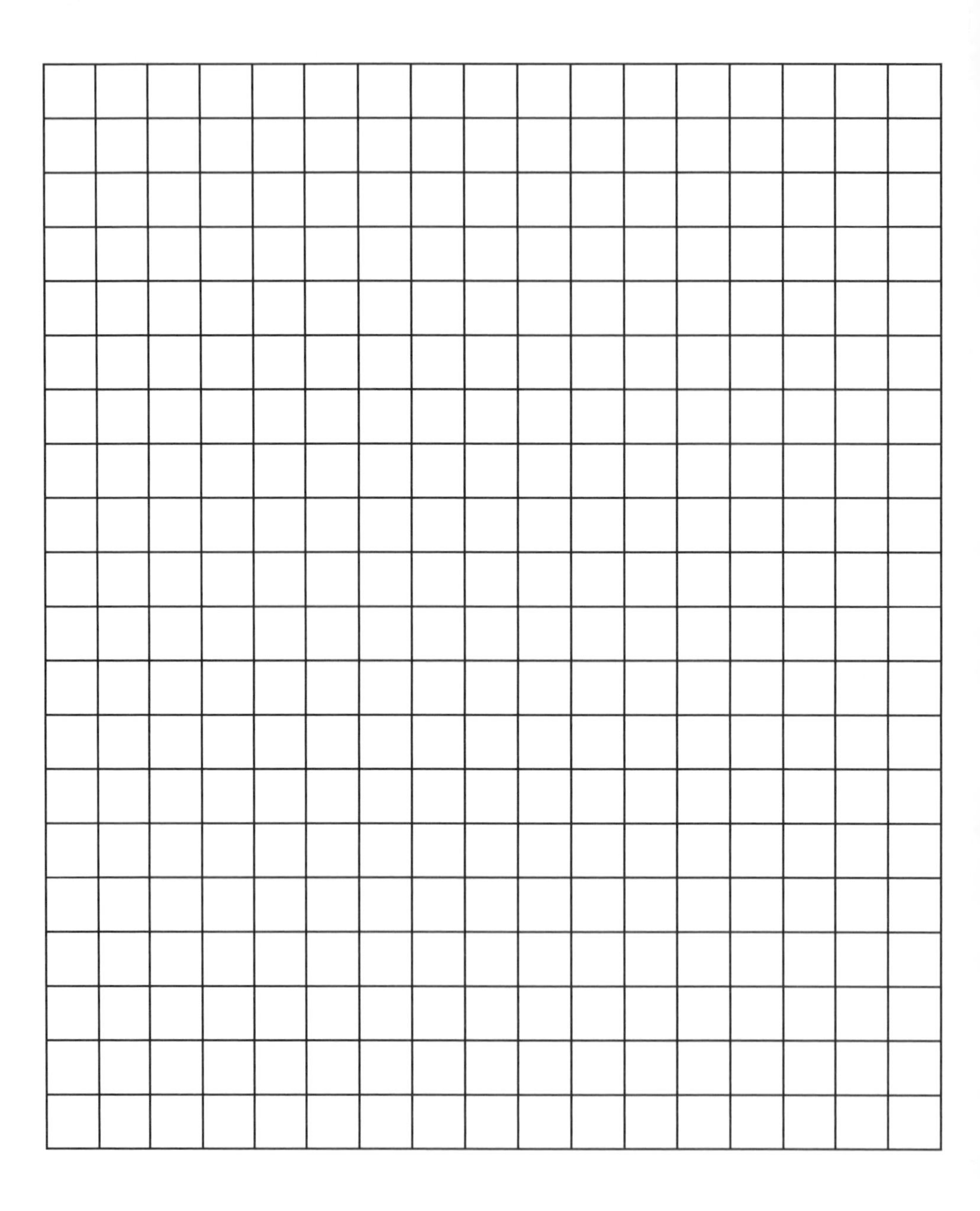

FOLHA DE REGISTRO PARA CUBRA O CAMPO

1. (___ + ___) x (___ + ___) = ___ x ___ = ___
2. (___ + ___) x (___ + ___) = ___ x ___ = ___
3. (___ + ___) x (___ + ___) = ___ x ___ = ___
4. (___ + ___) x (___ + ___) = ___ x ___ = ___
5. (___ + ___) x (___ + ___) = ___ x ___ = ___
6. (___ + ___) x (___ + ___) = ___ x ___ = ___
7. (___ + ___) x (___ + ___) = ___ x ___ = ___
8. (___ + ___) x (___ + ___) = ___ x ___ = ___
9. (___ + ___) x (___ + ___) = ___ x ___ = ___
10. (___ + ___) x (___ + ___) = ___ x ___ = ___
11. (___ + ___) x (___ + ___) = ___ x ___ = ___
12. (___ + ___) x (___ + ___) = ___ x ___ = ___
13. (___ + ___) x (___ + ___) = ___ x ___ = ___
14. (___ + ___) x (___ + ___) = ___ x ___ = ___
15. (___ + ___) x (___ + ___) = ___ x ___ = ___
16. (___ + ___) x (___ + ___) = ___ x ___ = ___
17. (___ + ___) x (___ + ___) = ___ x ___ = ___
18. (___ + ___) x (___ + ___) = ___ x ___ = ___
19. (___ + ___) x (___ + ___) = ___ x ___ = ___
20. (___ + ___) x (___ + ___) = ___ x ___ = ___

1. (___ + ___) x (___ + ___) = ___ x ___ = ___
2. (___ + ___) x (___ + ___) = ___ x ___ = ___
3. (___ + ___) x (___ + ___) = ___ x ___ = ___
4. (___ + ___) x (___ + ___) = ___ x ___ = ___
5. (___ + ___) x (___ + ___) = ___ x ___ = ___
6. (___ + ___) x (___ + ___) = ___ x ___ = ___
7. (___ + ___) x (___ + ___) = ___ x ___ = ___
8. (___ + ___) x (___ + ___) = ___ x ___ = ___
9. (___ + ___) x (___ + ___) = ___ x ___ = ___
10. (___ + ___) x (___ + ___) = ___ x ___ = ___
11. (___ + ___) x (___ + ___) = ___ x ___ = ___
12. (___ + ___) x (___ + ___) = ___ x ___ = ___
13. (___ + ___) x (___ + ___) = ___ x ___ = ___
14. (___ + ___) x (___ + ___) = ___ x ___ = ___
15. (___ + ___) x (___ + ___) = ___ x ___ = ___
16. (___ + ___) x (___ + ___) = ___ x ___ = ___
17. (___ + ___) x (___ + ___) = ___ x ___ = ___
18. (___ + ___) x (___ + ___) = ___ x ___ = ___
19. (___ + ___) x (___ + ___) = ___ x ___ = ___
20. (___ + ___) x (___ + ___) = ___ x ___ = ___

FOLHA DE REGISTRO PARA CUBRA O CAMPO DESAFIADOR

1. (____) x (____) = ____ x ____ = ____
2. (____) x (____) = ____ x ____ = ____
3. (____) x (____) = ____ x ____ = ____
4. (____) x (____) = ____ x ____ = ____
5. (____) x (____) = ____ x ____ = ____
6. (____) x (____) = ____ x ____ = ____
7. (____) x (____) = ____ x ____ = ____
8. (____) x (____) = ____ x ____ = ____
9. (____) x (____) = ____ x ____ = ____
10. (____) x (____) = ____ x ____ = ____
11. (____) x (____) = ____ x ____ = ____
12. (____) x (____) = ____ x ____ = ____
13. (____) x (____) = ____ x ____ = ____
14. (____) x (____) = ____ x ____ = ____
15. (____) x (____) = ____ x ____ = ____
16. (____) x (____) = ____ x ____ = ____
17. (____) x (____) = ____ x ____ = ____
18. (____) x (____) = ____ x ____ = ____
19. (____) x (____) = ____ x ____ = ____
20. (____) x (____) = ____ x ____ = ____

1. (____) x (____) = ____ x ____ = ____
2. (____) x (____) = ____ x ____ = ____
3. (____) x (____) = ____ x ____ = ____
4. (____) x (____) = ____ x ____ = ____
5. (____) x (____) = ____ x ____ = ____
6. (____) x (____) = ____ x ____ = ____
7. (____) x (____) = ____ x ____ = ____
8. (____) x (____) = ____ x ____ = ____
9. (____) x (____) = ____ x ____ = ____
10. (____) x (____) = ____ x ____ = ____
11. (____) x (____) = ____ x ____ = ____
12. (____) x (____) = ____ x ____ = ____
13. (____) x (____) = ____ x ____ = ____
14. (____) x (____) = ____ x ____ = ____
15. (____) x (____) = ____ x ____ = ____
16. (____) x (____) = ____ x ____ = ____
17. (____) x (____) = ____ x ____ = ____
18. (____) x (____) = ____ x ____ = ____
19. (____) x (____) = ____ x ____ = ____
20. (____) x (____) = ____ x ____ = ____

VIRANDO DO AVESSO: QUE LADO ESTÁ FALTANDO?

Visão geral

Os alunos ampliam seu pensamento sobre o uso de modelos de área na multiplicação para considerar como podem ser usados na divisão.

Conexão com a BNCC*

EF04MA02, EF04MA04, EF04MA05, EF04MA06, EF04MA07, EF04MA15, EF04MA20

Planejamento

Atividade	Tempo	Descrição/Estímulo	Materiais
Abertura	5 min	Lembre aos alunos dos modelos de área que usaram para multiplicação e os desafie a adaptar esse modelo para a divisão.	Exemplo de um modelo de área da aula Prova visual.
Explore	15-20 min	As duplas trabalham para usar um modelo de área para encontrar o comprimento do lado que está faltando, quando o comprimento de um lado e a área são conhecidos.	• Papel em branco ou papel de gráfico (ver o Apêndice), cartolinas ou quadros brancos. • Lápis de cor ou canetinhas para codificar.
Discuta	10-15 min	Discuta as estratégias que os alunos desenvolveram e destaque as características do trabalho que eles podem experimentar na próxima exploração.	Trabalho dos alunos.
Explore	20+ min	Os parceiros exploram a confecção de modelos visuais para os problemas do Banco de problemas. Os alunos tentam encontrar padrões ou estratégias que tornam a solução mais eficiente, mais simples de entender ou mais fácil de registrar.	• Banco de problemas, um por dupla. • Papel em branco ou papel de gráfico (ver o Apêndice). • Lápis de cor ou canetinhas para codificar.

(*Continua*)

*N. de R.T.: No original, conexão com o CCSS: 4.NBT.5 (ver nota na página 151); 4.NBT.1 – Reconhecer que, em um número inteiro com múltiplos dígitos, um dígito em um determinado lugar representa 10 vezes o que ele representa na casa à direita. Por exemplo, reconhecer que 700 / 70 = 10 ao aplicar os conceitos de valor posicional e divisão; 4.NBT.6 – Encontrar o quocientes e restos na forma de números inteiros com dividendos de até quatro dígitos e divisores de um dígito, utilizando estratégias baseadas em valor posicional, as propriedades das operações, e/ou a relação entre multiplicação e divisão. Ilustrar e explicar o cálculo utilizando equações, arranjos retangulares, e/ou modelos de área; 4.MD.3 – Aplicar as formulas de área e perímetros para retângulos no mundo real e em problemas matemáticos. Por exemplo, encontrar a largura de um ambiente retangular dada a área do piso e o comprimento, ao observar a fórmula de área como uma equação multiplicativa com um fator desconhecido.

(Continuação)

Atividade	Tempo	Descrição/Estímulo	Materiais
Discuta	15+ min	Faça uma galeria de ideias exibindo as soluções na parede, agrupadas e identificadas com o problema que elas representam. Discuta com os alunos os padrões que observam entre as estratégias, quais delas tornam a solução desses problemas mais eficiente, mais simples de entender ou mais fácil de registrar. Nomeie este trabalho como divisão e acrescente uma sentença numérica com divisão a cada grupo de problemas.	• Trabalho dos alunos exibidos nas paredes em grupos, rotulados com o problema que está sendo resolvido. • Identificações adicionais com sentenças numéricas com divisão para acrescentar na parede no fim da discussão.
Amplie	15+ min	Os alunos investigam um problema que envolva uma sobra. Como você pode representar isso com o modelo visual?	• Papel em branco ou papel de gráfico (ver o Apêndice). • Lápis de cor ou canetinhas para codificar.

Para o professor

Esta atividade se estende facilmente por dois dias. Você poderá achar útil envolver os alunos na primeira rodada de exploração e discussão no primeiro dia e depois continuar a atividade em um segundo dia.

Esta investigação os desafia a adaptar os modelos visuais para multiplicação com as quais têm trabalhado para as situações de divisão. Essas adaptações provavelmente representarão um modelo visual de quocientes parciais, com os alunos construindo a área dos retângulos peça por peça. Observe que não nomeamos explicitamente este trabalho como divisão até o encerramento da discussão. Alguns alunos podem reconhecê-la imediatamente; outros simplesmente irão abordá-la como um problema relativo a um lado que está faltando.

Enquanto eles desenvolvem estratégias, valorize sua variedade e diversidade do pensamento. Os alunos decompõem os números de diferentes maneiras e desenvolvem novas formas de identificar suas representações visuais. Esta é uma oportunidade importante para construir flexibilidade numérica com a divisão e conectar multiplicação e divisão.

ATIVIDADE

Abertura

Lembre aos alunos do trabalho que têm feito com os modelos retangulares para multiplicação mostrando um exemplo de um modelo visual completo da seção Visualize (um que nós fizemos, que você fez, ou que os alunos fizeram). Diga aos alunos que, nesse modelo, sabíamos o comprimento dos dois lados, e usamos a figura para tentar encontrar a área desse retângulo. Diga que hoje farão perguntas diferentes. Se sabemos o comprimento de um lado e a área do retângulo, como podemos encontrar o comprimento do outro lado? Como podemos usar o modelo do retângulo para nos ajudar? Você poderá dar aos alunos um momento para conversarem com um colega sobre como podem fazer isso, para permitir que suas ideias circulem.

Explore

Solicite aos alunos que trabalhem com um colega no problema a seguir.

- Se sabemos que um dos comprimentos do lado de um retângulo é 6 e que a área é 276 unidades quadradas, qual é o comprimento do outro lado?
- Como você pode usar os modelos visuais com os quais trabalhamos para descobrir isso? Desenvolva uma estratégia que você possa explicar a outra pessoa.

Os alunos devem criar uma representação visual que possam compartilhar, seja no papel em branco ou no papel de gráfico (ver o Apêndice), em um cartaz ou miniquadro branco. A codificação por cores ajudará a clarificar a estratégia que eles desenvolvem. A Figura 7.2 mostra um exemplo de um modelo que os alunos podem desenvolver para esse problema, construindo o retângulo peça por peça até que a área tenha 276 quadrados.

Discuta

Reúna os alunos e solicite que compartilhem algumas das diferentes estratégias e modelos que desenvolveram. Chame a atenção para a variedade. Embora algumas estratégias possam ser semelhantes, os alunos ainda podem ter abordado de forma diferente a procura do comprimento lateral que falta ou a identificação do seu trabalho. Discuta as questões a seguir.

- Que estratégias você desenvolveu?
- Em que aspectos os modelos que criamos são semelhantes? E diferentes?
- Que estratégias você poderia experimentar a seguir?

Nesta discussão, é importante chegar a uma compreensão compartilhada das formas como você pode desconstruir as peças de um retângulo até que ele tenha a área desejada e como você pode então usar o diagrama para encontrar o comprimento do lado. Rotular provavelmente será importante para maior clareza, portanto, não deixe de chamar a atenção para as características de um trabalho claro que os alunos podem querer experimentar na próxima exploração.

Compartilhe com os alunos o Banco de problemas para a exploração posterior. Convide-os a tentar algumas estratégias úteis que foram compartilhadas nesta discussão.

Explore

Dê aos alunos o Banco de problemas e pergunte: Quais são as estratégias úteis para fatiar a área para encontrar o comprimento do lado que está faltando? Eles podem escolher quais problemas do banco que desejam resolver. Enquanto trabalham nesses problemas e fazem modelos, devem procurar padrões que parecem tornar o processo mais eficiente, mais simples de entender ou mais fácil de registrar. Eles podem decidir trabalhar muitas vezes no mesmo problema, ou podem tentar muitos. A Figura 7.3 mostra alguns exemplos de diferentes maneiras que podem encontrar para fatiar a área de um retângulo.

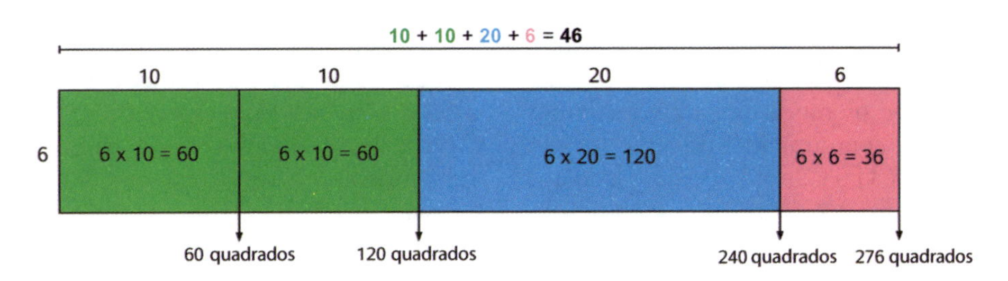

Figura 7.2

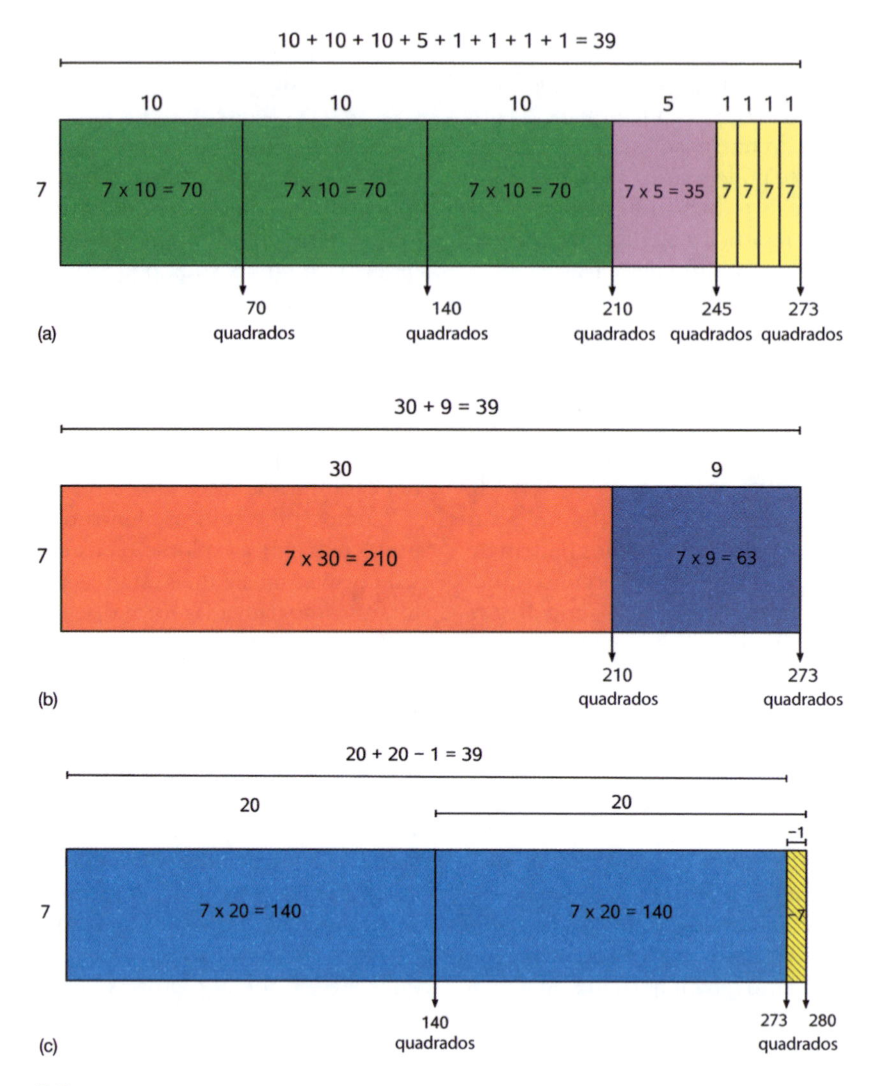

Figura 7.3

Discuta

Crie uma galeria de modelos visuais exibindo as diferentes representações visuais que os alunos fizeram para cada problema. Agrupe os modelos para os mesmos problemas, com uma identificação (p. ex., "Área = 276. Um lado = 8. Qual é o lado que está faltando?") para possibilitar que observem os padrões. Rotule cada seção com o problema. Solicite que examinem os diferentes modelos e discuta as questões a seguir.

- Que padrões você observou que os ajudaram na criação dos seus modelos?
- O que vocês observam em relação aos diferentes modelos? O que se sobressai para vocês? Estes podem ser padrões, semelhanças ou características especiais.
- De quais modelos vocês mais gostam? Por quê?
- Quais deles os ajudam a ver o comprimento do lado que está faltando? Por quê?
- Quais modelos parecem eficientes ou fáceis de entender? Por quê?

- A ordem das fatias faz diferença? Por quê? Por que não?

Se surgir a oportunidade, chame a atenção dos alunos para o padrão de que muitos modelos podem começar com grandes fatias e depois reduzirem gradualmente para fatias menores. Pergunte por que ocorre assim e como isso pode ajudar. Além disso, se forem criados modelos semelhantes, mas não idênticos, pergunte como um pode ser transformado no outro, digamos, pela reordenação ou combinação das fatias. Encerre a discussão perguntando se sabem como chamamos esses tipos de problemas. Eles podem ou não reconhecer que estavam dividindo. Nomeie esse trabalho como divisão e renomeie os problemas que resolveram com sentenças de divisão. Acrescente esses rótulos à sua galeria.

Amplie

Peça aos alunos para experimentarem o problema final no Banco de problemas: Área = 283. Um lado = 9. Ele tem uma sobra e os desafiará a descobrir como lidar com elas em seu modelo. Você pode oferecer esta tarefa àqueles que parecem prontos para um desafio, ou para toda a classe, depois do encerramento da discussão, caso todos pareçam estar seguros com o uso do modelo de área para dividir. Discuta as estratégias que eles encontraram e nomeie esses quadrados extras como sobras quando discutir os modelos.

Procure

- **Os alunos estão pensando sobre como construir um retângulo, invertendo o processo de encontrar a área?** Alguns podem achar conceitualmente desafiador ter o comprimento de um lado e não o outro quando tentam construir um modelo. Este é um problema de composição de um retângulo, em vez de decomposição. Encoraje-os a pensar em como poderiam construir o retângulo que precisam passo a passo.
- **Que fatias os alunos estão usando para construir seus retângulos?** Eles podem, é claro, construir fila por fila, mas é muito mais eficiente usar retângulos maiores. Geralmente, é mais eficiente – e mais fácil de acrescentar – se os alunos primeiro pensarem em múltiplos de 10 ou 100. Eles estão pensando em como usar o valor posicional para ajudá-los?
- **Como os alunos estão identificando seu trabalho para fazer o registro de todas as peças?** A criação de um modelo para este trabalho pode ser desafiadora, porque há muitas peças para registrar durante o trabalho, incluindo a área crescente e o comprimento crescente do lado. Quais sistemas de notação ou rótulos os estudantes estão desenvolvendo para ajudá-los? Estimule-os a desenvolver formas que funcionem para eles.
- **Os alunos estão usando as grandes fatias primeiro e depois as peças menores no final?** Esta é uma maneira eficiente de restringir a área. Você poderá ver esse padrão em seus modelos se as fatias grandes estiverem de um lado e as menores do lado oposto. Os alunos podem notar esse padrão enquanto observam a galeria. Promova com que pensem em por que surge esse padrão e a que propósito ele serve.

Reflexão

Como você pode usar um modelo visual para dividir?

REFERÊNCIAS

GRAY, E.; TALL, D. Duality, ambiguity, and flexibility: a "proceptual" view ofsimple arithmetic. *Journal for Research in Mathematics Education*, n. 25, p. 116-140, 1994.

LAMPERT, M. When the problem is not the question and the solution is not the answer: mathematical knowing and teaching. *American Educational Research Journal*,v. 27, n. 1, p. 29-63, 1990.

BANCO DE PROBLEMAS

Área = **273** unidades quadradas Um lado = **7** unidades Qual é o lado que está faltando?	Área = **747** unidades quadradas Um lado = **3** unidades Qual é o lado que está faltando?
Área = **3.252** unidades quadradas Um lado = **6** unidades Qual é o lado que está faltando?	Área = **2.472** unidades quadradas Um lado = **8** unidades Qual é o lado que está faltando?
Área = **4.235** unidades quadradas Um lado = **5** unidades Qual é o lado que está faltando?	Área = **283** unidades quadradas Um lado = **9** unidades Qual é o lado que está faltando?

Ideia fundamental 8

USANDO OPERAÇÕES COM FLEXIBILIDADE

Os usuários bem-sucedidos da matemática têm alguma coisa – um conforto, uma confiança – que os ajuda a se debruçarem sobre uma situação que precisa ser resolvida e a aplicarem seus conhecimentos de matemática. Eles não necessariamente sabem mais, mas sua abordagem da matemática os ajuda em cada situação de aprendizagem. Uma maneira de encorajar essa técnica é apresentar aos alunos situações que requerem que escolham o método que irão utilizar. Quando simplesmente lhe ensinamos os métodos que devem ser praticados, jamais aprendem a fazer escolhas sobre métodos ou a entrar em uma situação matemática com a percepção de que podem tomar decisões sobre a direção matemática.

Na atividade **Visualize**, convidamos os alunos a fazerem escolhas sobre as operações e a utilizá-las com flexibilidade para chegar aos resultados. Eles recebem diferentes fotografias de multidões e são solicitados a fazer estimativas do número de pessoas nas fotografias. Isso requer que não só façam escolhas sobre as operações que podem ajudá-los, mas também que façam estimativas. Em um estudo governamental no Reino Unido sobre qual matemática é mais utilizada no ambiente de trabalho (COCKCROFT, 1982), os pesquisadores destacaram a prática importante e desvalorizada da estimativa. Eles identificaram que ela era mais usada do que qualquer outra parte da matemática.

No entanto, raramente ensina-se estimativa nas salas de aula, e muitos estudantes chegam a acreditar que ela é uma coisa não matemática. Quando os alunos são solicitados a fazer estimativas, geralmente calculam com exatidão e depois arredondam os números! A atividade Visualize proporciona uma boa oportunidade de conversar com eles sobre o valor e importância dessa prática.

Enquanto trabalham para fazer estimativas, os alunos farão uso de operações, e isto proporciona uma oportunidade de chamar sua atenção para as escolhas que fazem. Encoraje-os a fazer um plano e a decidir quanto às operações, e promova a discussões sobre o valor das diferentes operações.

Na atividade **Brinque**, mais uma vez os alunos serão encorajados a usar operações da sua escolha, em vez de lhes ser dito o que usar. Eles vão gostar de jogar o jogo, o qual pode ser um bom ponto de partida para discussões enriquecedoras sobre os métodos e abordagens que experimentam. Essas atividades são concebidas para dar aos professores oportunidades de chamar a atenção para o pensamento flexível, para as ideias criativas e para a tomada de decisões dos alunos.

Na atividade **Investigue**, os alunos receberão um problema aplicado para pensarem a respeito. Sugerimos deliberadamente questões que oferecem pouca estrutura aos alunos, dando-lhes espaço para tomarem suas próprias decisões e fazerem suas escolhas. Isso lhes dará uma oportunidade de ser organizados, de criarem um plano e de fazerem registros cuidadosos. Sugerimos uma atividade – definir o número de lápis usados em um ano letivo – que oferece muita abertura, com muitas variáveis diferentes sobre as quais refletir. Se você substituir o problema por um da sua escolha, tenha o cuidado de manter o mesmo grau de abertura e resista ao impulso de dizer aos alunos as variáveis sobre as quais precisam pensar ao estudarem a resposta. Destaque o valor de fazerem registros cuidadosos e representações criativas do seu pensamento e dos seus resultados. Em qualquer ocasião, é útil lembrá-los de que eles são solucionadores de problemas matemáticos – investigadores – e que parte do seu papel é tomar decisões sobre tópicos sobre os quais refletir, áreas a serem exploradas e métodos matemáticos a serem usados.

Jo Boaler

HÁ QUANTAS PESSOAS NA MULTIDÃO?

Visão geral

Nesta aula, os alunos fazem uma estimativa do tamanho de multidões a partir de fotos aéreas. Pensar com flexibilidade sobre as operações significa elaborar um plano com várias etapas empregando qualquer operação que seja útil. Fazer estimativas de grandes quantidades que não podem ser contadas proporciona aos alunos um espaço para que façam planos e experimentem colocá-los em prática.

Conexão com a BNCC*

EF04MA06, EF04MA07, EF04MA08

Planejamento

Atividade	Tempo	Descrição/Estímulo	Materiais
Abertura	5-10 min	Introduza a ideia de fazer uma estimativa sobre o tamanho de uma multidão de pessoas ou animais a partir de uma foto.	Fotos de multidões.
Explore	20-30 min	As duplas trabalham juntas para desenvolver métodos para estimar o tamanho das multidões nas fotos. Os alunos registram seus métodos para justificar suas estimativas e tornar claro o processo que usaram.	• Fotos de multidões, em número suficiente para que as duplas experimentem múltiplas abordagens. • Cartolinas e canetinhas.
Discuta	15 min	Os alunos compartilham e discutem os diferentes métodos que desenvolveram e se eles funcionaram nas diferentes fotos. Discutem como decidiram as operações que iriam utilizar e por que elas faziam sentido em sua estratégia; isso cria uma conexão entre a tarefa de fazer uma estimativa e um trabalho mais amplo de solução de problemas em múltiplas etapas.	Cartazes dos alunos.

Para o professor

O foco desta aula é pensar flexivelmente sobre as operações, particularmente em métodos de solução de problemas em múltiplas etapas usando múltiplas operações. Ao demandar uma estimativa, a tarefa não dá nenhuma dica aos alunos sobre quais operações podem ser necessárias ou mesmo úteis. Eles precisam refletir sobre a tarefa, decidir quanto aos instrumentos que irão utilizar e organizá-los de forma a atingir o objetivo. Esta é

*N. de R.T.: No original, conexão com o CCSS: 4.OA.3 – Resolver situações-problema com vários passos com números inteiros e que tenham números inteiros como respostas, utilizando as quatro operações, incluindo problemas nos quais sobras precisam ser interpretadas. Representar esses problemas utilizando equações com uma letra no lugar de uma quantidade desconhecida. Avaliar a razoabilidade de respostas utilizando cálculo mental e estratégias de estimação, incluindo o arredondamento.

uma autêntica situação de solução de problemas em múltiplas etapas. Devido à natureza da tarefa, os alunos poderão vê-la como uma atividade sobre estimativas, o que é bom. Você terá de facilitar a discussão e suas conversas com os alunos ao longo da tarefa para que o desenvolvimento dos métodos se mantenha em primeiro plano para eles.

ATIVIDADE

Abertura

Inicie esta aula dizendo aos alunos que algumas vezes usamos fotos para resolver problemas. Por exemplo, quando ocorre um grande evento, como um concerto, um festival ou um comício, frequentemente queremos saber quantas pessoas participaram. Fotos de uma multidão são usadas para fazer uma estimativa de quantas pessoas havia ali. Os cientistas fazem o mesmo com populações de animais. Podemos querer saber quantos pássaros migraram nesta primavera ou quantos bois há em um rebanho. Mostre aos alunos algumas das fotos de multidões que fornecemos e narre o que elas mostram. Como vocês poderiam fazer uma estimativa de quantas pessoas ou animais se encontram em uma dessas fotos? O desafio de hoje é desenvolver um método para fazer uma estimativa e registrar seus métodos para que os outros possam compreender como vocês chegaram à sua estimativa.

Explore

Os alunos trabalham em duplas usando uma foto de sua escolha e desenvolvem um método para estimar o tamanho da multidão. As duplas registram em um cartaz as suas reflexões e toda a sua contagem ou cálculos, deixando esse processo claro para que os outros possam compreender como eles chegaram a essas estimativas. Os alunos poderão querer codificar por cores seu trabalho para deixar mais claros os estágios do seu processo. Podem tentar fazer a estimativa da população em mais de uma imagem para ver se o mesmo método funciona em todas as imagens ou se diferentes fotos requerem métodos distintos. Também poderão querer escrever ou desenhar sobre as fotos, portanto, você deve considerar como poderia tornar isso possível, seja tendo muitas fotos ou colocando-as em envelopes plásticos transparentes e usando canetões de limpeza a seco.

Discuta

O foco desta aula é fazer os alunos pensarem flexível e intencionalmente sobre as operações que usam e como combiná-las. O foco deles será em suas estimativas e nos métodos que desenvolveram, mas, nesta discussão, você poderá chamar a atenção para como usaram diferentes operações e as ordenaram de formas diferentes para chegar às suas estimativas. Faça as perguntas a seguir:

- Como vocês chegaram às suas estimativas? Que métodos desenvolveram?
- Como vocês decidiram usar essas operações específicas? Por que elas fizeram sentido em seu plano?
- Algum de vocês tentou alguma coisa que não deu certo? O que você tentou? Como você sabia que não estava funcionando? O que você fez a seguir?
- Como vocês registraram seu trabalho? Como vocês organizaram seu pensamento no papel?

No final da discussão, chame a atenção dos alunos para alguns dos diferentes métodos ou estratégias organizacionais que foram compartilhadas. Assinale que cada um desses estava fundamentado no entendimento do problema, na criação de um plano e na escolha das operações e ferramentas que ajudariam com o plano. A tarefa de fazer a estimativa de uma multidão é como muitos problemas em matemática nos quais ele não lhe conta como resolvê-lo.

Esta tarefa não lhes disse para somar, contar, multiplicar ou medir. Vocês tiveram de escolher quais ferramentas utilizar com base em como entenderam o problema. Esta é uma das coisas mais importantes que os matemáticos fazem.

Procure

- **Os alunos estão tentando contar?** Geralmente, eles ficam profundamente desconfortáveis em fazer estimativas, porque anteriormente lhes foram passadas mensagens sobre a importância de uma resposta "certa". Nesta atividade, não existem respostas certas, apenas um raciocínio justificável. Alguns podem tentar driblar o risco de estarem "errados" contando, e, assim, não entendem o que é uma estimativa e o que esta aula está tentando atingir. Caso você se depare com essa hesitação em arriscar estar errado, encoraje-os fazendo a observação de que ninguém sabe realmente a resposta e que isso não é importante. O que importa é refletir sobre como fazer uma estimativa.
- **Como os alunos estão decidindo quais operações ou estratégias usar (como contar ou medir)?** As decisões dos alunos devem estar baseadas no entendimento da ideia de uma estimativa. Chame a atenção para o raciocínio que eles estão empregando e que está por trás das decisões que estão tomando. Por exemplo, você pode reafirmar isso dizendo algo como: "Então, vocês multiplicaram a sua contagem por esta pequena área porque estão achando que existem muitos espaços como este na foto".
- **Como os alunos estão usando a foto para respaldar a sua estimativa?** As multidões frequentemente têm áreas que são mais ou menos densas, e as estimativas precisarão levar isto em conta. Além disso, algumas fotos podem ocultar algumas pessoas ou animais por trás de outros objetos. Existe alguma forma pela qual os alunos possam tratar disso em sua estratégia?

Reflita

Como você decidiu quais operações utilizar para chegar às suas estimativas?

Quantas pessoas há na multidão? Quantas pessoas há debaixo das barracas?

Quantas pessoas há na praça? Há mais pessoas ou pássaros nesta praça?

Quantos estorninhos há neste grupo migratório?

Quantos gnus há nesta foto? Há outros animais nesta foto? Quantos você acha que eles são?

CHEGUE A 20

Visão geral

Os alunos jogam Chegue a 20, em que os jogadores lançam quatro dados e usam operações para combinar os resultados e chegar o mais perto possível de 20. Eles são desafiados a pensar flexivelmente sobre o uso das operações e como escolher diferentes operações que podem levar a diferentes resultados.

Conexão com a BNCC*

EF04MA03, EF04MA04, EF04MA06, EF04MA07

Planejamento

Atividade	Tempo	Descrição/Estímulo	Materiais
Abertura	10 min	Mostre como jogar Chegue a 20 e solicite que os alunos registrem as equações que desenvolvem em cada rodada.	• Quatro dados. • Folha de registro para Chegue a 20 para mostrar.
Brinque	30 min	Os alunos jogam Chegue a 20 em duplas ou trios, criando equações e usando alguma operação e os números nos quatro dados para tentar chegar o mais perto possível de 20.	• Quatro dados por dupla ou trio. • Folha de registro para Chegue a 20, meia folha por jogador para cada jogo. • Miniquadros brancos e marcadores, um por aluno (opcional).
Discuta	15 min	Discuta as estratégias que os alunos desenvolveram e os padrões que observaram enquanto jogavam que os ajudaram a chegar perto de 20. Foque em como os alunos registraram suas equações e introduza o agrupamento de símbolos para apoiar a comunicação.	
Amplie	15+ min	Solicite que joguem novamente usando um número-alvo da sua escolha. Ou você pode escolher outros números-alvo para eles.	

*N. de R.T.: No original, conexão com o CCSS: 4.OA.3 (ver nota na página 173); 4.NBT.4 – Adicionar e subtrair números inteiros com diversos dígitos utilizando o algoritmo padrão de maneira fluente; 4.NBT.5 – Multiplicar um número inteiro de até quatro dígitos por um número inteiro de um dígito, e multiplicar dois números com dois dígitos, utilizando estratégias baseadas no valor posicional e nas propriedades das operações. Ilustrar e explicar o cálculo utilizando equações, matrizes retangulares, e/ou modelos de área; 4.NBT.6 – Encontrar os quocientes e restos na forma de números inteiros com dividendos de até quatro dígitos e divisores de um dígito, utilizando estratégias baseadas em valor posicional, as propriedades das operações, e/ou a relação entre multiplicação e divisão. Ilustrar e explicar o cálculo utilizando equações, arranjos retangulares e/ou modelos de área.

Para o professor

Neste jogo, tenta-se chegar o mais perto possível de 20 usando diferentes operações com os resultados dos quatro dados. Este é um ponto de partida para o trabalho que os alunos fazem nesta Ideia fundamental em torno de estimativas e da resolução de problemas, focando nas relações entre os números e as operações. Este jogo pode ser jogado em qualquer ponto na sequência desta Ideia fundamental para desenvolver flexibilidade.

O uso do agrupamento de símbolos não é uma parte explícita do currículo até o 5º ano,* mas este jogo cria um espaço natural para discutir a necessidade de símbolos para clarificar quais operações vêm primeiro. Aproveite a oportunidade dada pela discussão para introduzir essa ideia como um apoio para tornar claras as operações dos alunos. Não é necessário explorar exaustivamente a ordem das operações neste ponto; ao contrário, o simples uso de parênteses para deixar os agrupamentos mais claros será útil e apropriado. Não é esperado um domínio completo dessa convenção. Uma variação que pode ser útil é fazer os alunos jogarem em duplas, colaborando para criar uma equação. Isso significa que pode ser jogado por 4 a 6 jogadores em dois ou três times, permitindo que os alunos discutam suas ideias e estimulando a sua criatividade.

ATIVIDADE

Abertura

Inicie este jogo lançando quatro dados e registrando os resultados onde os alunos possam vê-los facilmente, em um cartaz ou no quadro. Pergunte: que números podemos formar combinando estes números usando adição, subtração, multiplicação ou divisão? Gere algumas respostas e registre as equações para representar como os alunos chegaram a elas. Você deverá assegurar que vejam exemplos nos quais uma ou múltiplas operações são usadas. Por exemplo, se você lançou 4, 2, 6 e 1, poderia ter um exemplo como $4 + 2 + 6 + 1 = 13$ e um como $(4 + 2) \times 6 \times 1 = 36$.

Diga aos alunos que isso é o que farão no jogo de hoje, com a exceção de que, neste jogo, o objetivo é chegar o mais próximo possível de 20 usando todos os quatro números. Volte ao resultado da sua jogada e solicite que tentem chegar o mais perto possível de 20 com esses números. Você poderá lhes dar a chance de conversar com um colega enquanto geram ideias. Pergunte o quão perto de 20 chegaram e ouça as ideias do grupo. Revise as regras do jogo e como você quer que registrem suas equações na folha de registro para Chegue a 20.

Brinque

Este jogo pode ser jogado em duplas ou trios. Cada grupo precisará de quatro dados, e cada aluno precisará de uma folha de registro para Chegue a 20. Você pode fornecer miniquadros brancos e marcadores para os alunos testarem seu pensamento e encorajar a revisão.

*N. de R.T.: As autoras se referem ao CCSS como baliza para a distribuição de conteúdos.

Orientações para o jogo

- Este jogo é jogado em 10 rodadas. Ao fim das 10 rodadas, o jogador com a pontuação mais baixa será o vencedor.
- Um jogador lança os quatro dados. Os dados podem rolar entre os jogadores.
- Depois que os dados são lançados, cada jogador tenta usar os números mostrados para criar uma equação cujo resultado esteja perto ou seja igual a 20. O objetivo é chegar o mais perto possível de 20.
- Os jogadores:
  - podem usar qualquer operação, em qualquer combinação.
  - não têm limite de tempo.
  - devem usar todos os dados.
  - não podem combinar os dados como se fossem dígitos formando um número maior – por exemplo, não podem pegar 1 e 2 e formar 12.
  - devem registrar sua equação na folha de registro para Chegue a 20.
- Depois que todos os jogadores tiverem escrito uma equação, eles se alternam compartilhando-as e o quão perto de 20 conseguiram chegar. Cada jogador deve convencer os outros de que a sua maneira de usar os dados funciona para obter o resultado definido.
- A pontuação de cada jogador é a distância que o seu resultado está de 20. Por exemplo, se o resultado da minha equação for 18, minha pontuação será 2, porque 18 está a 2 unidades de distância de 20. Os jogadores devem registrar sua pontuação ao lado de cada rodada em sua folha de registro.
- Depois de 10 rodadas, os jogadores somam seus pontos. O jogador com pontuação mais baixa vence.

Discuta

Depois que os alunos tiveram algum tempo para jogar, reúna-os para discutir as questões a seguir.

- Que estratégias você desenvolveu para chegar perto de 20? O que você observou inicialmente sobre os números? Que tipos de coisas você experimentou?
- Como você escolheu quais operações usar? Como você escolheu a ordem dessas operações?
- Qual foi a equação mais criativa que você inventou?
- Que equações o seu parceiro elaborou que o surpreenderam?

Enquanto os alunos estão compartilhando suas equações, aproveite a oportunidade para introduzir os parênteses como uma forma de clarificar qual operação vem primeiro nos casos em que a ordem faz diferença. Os alunos provavelmente irão descrever o que fizeram dizendo algo como: "Primeiro eu...", e esta pode ser uma boa oportunidade para anotar a equação usando parênteses para capturar a intenção do aluno. Você poderá coletar equações para um cartaz com maneiras criativas de chegar perto de 20, que pode servir como modelo para o registro das equações.

Procure

- **Os alunos estão revisando seu pensamento?** Eles podem querer ficar com sua primeira tentativa de criar uma equação, mas o objetivo é que experimentem várias formas diferentes de usar os números e operações flexivelmente para criá-la.
- **Os alunos estão fazendo uso de todas as operações?** Eles podem se limitar a pensar em multiplicação e adição, e podem não pensar em subtração e divisão. A divisão frequentemente é menos utilizada, e pode valer a pena perguntar deliberadamente quando ela pode ajudar.
- **Como os alunos estão registrando seu pensamento?** Encoraje-os a serem precisos na utilização dos símbolos que co-

nhecem. Pode ser difícil para eles traduzirem de uma forma simbólica o trabalho que fazem mentalmente. Alguns podem precisar conversar a respeito disso em voz alta.

- **Os alunos estão travados?** Se você perceber que um aluno está tendo dificuldades para se sentir seguro no jogo, poderá considerar a possibilidade de oferecer material de apoio como um quadro branco para testar as ideias ou um colega com quem fazer uma tempestade de ideias.

Amplie

Solicite que os alunos joguem novamente usando um número-alvo da sua escolha. Ou você poderá escolher alguns outros números-alvo para eles.

Reflita

Que conselho você daria a alguém que está aprendendo a jogar este jogo? Que perguntas você ainda tem?

FOLHA DE REGISTRO PARA CHEGUE A 20

Rodada	Equação	Pontuação
1		
2		
3		
4		
5		
6		
7		
8		
9		
10		
	Total	

Rodada	Equação	Pontuação
1		
2		
3		
4		
5		
6		
7		
8		
9		
10		
	Total	

FESTA DOS MATERIAIS

Visão geral

Os alunos ampliam seu trabalho sobre a solução de problemas em múltiplas etapas e estimativas para descobrir quantas caixas de lápis a classe utilizaria em um ano letivo.

Conexão com a BNCC*

EF04MA05, EF04MA08, EF04MA06

Planejamento

Atividade	Tempo	Descrição/Estímulo	Materiais
Abertura	5 min	Oriente os alunos a observarem todos os itens de consumo em sua sala de aula. Faça a pergunta: quantas caixas de 12 lápis vocês acham que utilizamos em um ano letivo?	Uma caixa de 12 lápis para mostrar aos alunos (opcional).
Explore	30+ min	Em duplas ou pequenos grupos, os alunos trabalham para desenvolver uma estratégia para estimar o número de caixas de lápis que a classe irá utilizar em um ano. Eles reúnem as informações que acham necessárias para chegar a uma estimativa, constroem um plano e registram seu trabalho para compartilhar com os outros.	Cartolinas e canetinhas para cada grupo.
Discuta	20 min	Os grupos apresentam suas estimativas, e a classe faz perguntas para determinar o quão convincentes são os métodos apresentados. Os alunos discutem as decisões que tomaram no desenvolvimento dos seus métodos. A classe chega a um acordo sobre qual é provavelmente a melhor estimativa.	Cartazes dos alunos.
Amplie	20+ min	Os alunos procuram descobrir quanto a escola deve economizar comprando os lápis de uma loja que está oferecendo um preço mais baixo, em vez de uma loja mais cara.	Catálogos com material de escritório ou escolar.

Para o professor

Esta investigação foca na formulação de uma estratégia para fazer a estimativa de quantas caixas de lápis a classe irá utilizar durante um ano letivo. Escolhemos este item em particular porque lápis são usados em todas as salas de aula, frequentemente repostos pelas escolas, perdidos com frequência, e fornecidos em pacotes. No entanto, você pode substituir por qualquer item se achar que seria de particular interesse ou relevância em sua classe. Você pode pesquisar algum artigo de consumo comum em sua

*N. de R.T.: No original, conexão com o CCSS: 4.OA.3 (ver nota na página 173).

sala de aula que é fornecido pela escola. Isso pode incluir papel, canetinhas, sabonete ou higienizador de mãos, toalhas de papel, lenços de papel ou grampos. Você poderá evitar itens pelos quais os alunos são responsáveis pela compra porque as condições financeiras dos alunos para comprar os materiais não devem ser um fator a ser explorado. Você poderá aproveitar essa oportunidade para fazê-los investigarem o uso de um determinado item do qual você gostaria de promover a conservação, incluindo papel, toalhas de papel ou comida.

Diferentes itens apresentam diferentes desafios. Alguns itens são usados em grande quantidade, como papel, o que pode levar a trabalhar com números muito grandes. Outros itens, como higienizador de mãos, não podem ser contados individualmente. Eles devem ser medidos de alguma maneira, e isso representará um desafio adicional. Com higienizador de mãos, por exemplo, poderia ser preciso descobrir quantos bombeamentos podem ser obtidos de um frasco; com comida, seria preciso decidir que unidades fazem sentido usar e como medir o consumo. Isso significa que os alunos podem precisar investigar fisicamente (digamos, bombeando grandes quantidades de higienizador de mãos), o que requer recursos. Você poderá considerar esses desafios quando optar por um item a ser investigado.

A consideração final é a embalagem. Lápis tipicamente vêm em caixas de 12, o que é um número relativamente pequeno (ao contrário do papel, que vem em resmas de 500 folhas). Indagar sobre as caixas de lápis abre caminho para que os alunos escolham usar a divisão ou subtração repetida, ou pensar de forma multiplicativa quando passam de lápis individuais para pacotes. Se você optar por substituir um item diferente de lápis, considere se ele tem um sentido matemático sobre o qual os alunos possam pensar em itens individuais ou pacotes, dada a quantidade que pode estar envolvida.

ATIVIDADE

Abertura

Inicie esta investigação indicando alguns dos materiais que utilizam em sala de aula, particularmente os tipos de coisas que são consumidas e precisam ser compradas continuamente. Cada sala de aula utiliza grandes quantidades de materiais. Você também pode pedir que os alunos apresentem exemplos. Uma coisa que utilizamos muito são os lápis, que são usados, perdidos e quebrados o tempo todo, e sempre precisamos de novos. Quantos lápis você acha que utilizamos em um ano? Você pode pedir que os alunos conversem com um colega e cheguem a uma rápida estimativa aproximada. Os lápis que compramos costumam vir em caixas de 12 (mostre uma caixa de 12 lápis, se você tiver uma). Diga aos alunos que hoje você e seu grupo irão encontrar uma estratégia para fazer a estimativa de quantas caixas de lápis usam em um ano letivo. No final dessa investigação, os grupos serão convidados a compartilhar o cartaz com sua estimativa e como chegaram a essa conclusão. Vocês terão que nos convencer que sua estimativa faz sentido.

Explore

Os alunos devem trabalhar em duplas ou em pequenos grupos e desenvolver uma estratégia para fazer a estimativa de quantas caixas de lápis sua sala de aula utiliza em um ano letivo. Lembre-se de que cada uma delas contém 12 lápis. Inicie a exploração com uma oportunidade para os grupos fazerem um plano conjunto antes de darem início à tarefa. Que informações seriam necessárias? Como você poderia obtê-las? Eles podem querer colher alguns dados investigando alguns copos ou estojos de lápis que você tem em sua classe, contando os lápis nas carteiras ou fazendo um levantamento entre os alunos sobre quantos lápis eles têm em suas mochilas. Encoraje-os a colher e a organizar as informações que pensam ser úteis. Você pode proporcionar que os grupos compartilhem ideias sobre como dar início ao trabalho ou quanto às informações que acreditam serem necessárias, antes de liberá-los para trabalhar na tarefa.

Forneça aos grupos uma cartolina e canetinhas. Encoraje-os a usar codificação por cores para ajudar a deixar claras as partes do seu trabalho. Os cartazes devem mostrar todo o processo e ser convincentes de que sua estimativa faz sentido.

Discuta

Reúna os alunos para compartilharem suas diferentes estimativas e, o que é mais importante, as estratégias que desenvolveram para sua geração. Aqueles que estão ouvindo os métodos compartilhados devem estar prontos para fazer perguntas para esclarecimento ou questionar os processos que cada grupo usou. Faça estas perguntas:

- A estratégia deles faz sentido? Você consegue acompanhar todas as etapas?
- Você conseguiria explicar para outra pessoa o que eles fizeram?
- O método deles é convincente?
- Você discorda de alguma parte do processo? Em caso afirmativo, por quê?
- Há alguma coisa que eles poderiam ter feito para tornar sua estimativa mais precisa? Em caso afirmativo, o quê e por quê?

Enquanto os alunos compartilham, chame a atenção para as decisões que tomaram sobre quais operações, informações e ferramentas usar, além do raciocínio que está subjacente a elas. As decisões iniciais que foram tomadas provavelmente tiveram um grande impacto nos caminhos que os alunos elaboraram para resolver este problema. Por exemplo, os grupos que pensaram inicialmente em caixas de lápis nunca tiveram que dividir, enquanto que aqueles que pensaram em lápis individuais tiveram, mais tarde, que pensar sobre como formar caixas com aqueles lápis.

No encerramento da discussão, solicite que os alunos examinem novamente todos os cartazes. Refletindo sobre todos esses diferentes métodos e estimativas, qual das estimativas vocês acham que é a mais precisa? Pode ser uma das apresentadas ou algo intermediário. Solicite que os alunos compartilhem seu raciocínio. Este é um bom momento para ajudá-los a dar um sentido às suas estimativas tornando-as visuais. Eles podem tentar colocar os números em ordem e escolher a metade, ou combinar as diferentes estimativas da classe e tentar encontrar um número intermediário. Esse tipo de pensamento pode não estar dentro do currículo dos seus alunos de 4º ano; entretanto, estará incluído no 6º ano. Possibilitar aos alunos flexibilidade em seu pensamento e ajudá-los a organizar visualmente suas estimativas são práticas matemáticas produtivas.

Amplie

Lápis não são muito caros – nem de longe são tão caros quanto, digamos, mesas ou computadores. Mas o custo dos lápis pode aumentar com o tempo. Diferentes lojas oferecem diferentes preços para os lápis. Se uma loja vende caixas de lápis por R$3,00 e outra vende as mesmas caixas por R$2,50, quanto sua escola economizaria este ano comprando os lápis para sua classe na loja mais barata?

Os números usados nessa extensão fazem diferença. Se você ainda não trabalhou com decimais, poderá se ater a preços com os quais seja fácil trabalhar intuitivamente, como os que foram dados ou em reais inteiros. No entanto, você pode adaptar esses preços para incorporar o trabalho com decimais. Sugerimos que, neste caso, você escolha números que possam ser somados com facilidade e cuja diferença seja simples de calcular, como R$2,25 e R$2,75.

Como uma extensão adicional, você pode perguntar: que outros materiais poderiam ser comprados para nossa sala de aula com o dinheiro economizado? Você pode lhes dar acesso a um catálogo com material de escritório ou outro com material para professores para que eles possam pensar criativamente sobre o que as economias poderiam comprar.

Procure

- **Que suposições os alunos estão fazendo quando iniciam a tarefa? Que dados estão coletando?** Para tornar uma estimativa justificável, os alunos precisarão primeiramente ter uma ideia de quantos lápis são utilizados em um período de tempo menor, talvez uma semana. Ou então, eles podem simplesmente descobrir quantos lápis estão sendo utilizados agora e fazer uma suposição de quão rapidamente eles precisam ser substituídos. Cada uma destas é uma decisão crítica, que terá um grande impacto nas estimativas geradas. É importante sondar o raciocínio que está por trás dessas estimativas e suposições iniciais para assegurar que os alunos sintam que elas fazem sentido e são convincentes. Caso não o sejam, as estimativas construídas a partir delas também não o serão.
- **Como os alunos estão registrando seu processo e monitorando seus cálculos intermediários?** Eles precisam de um sistema organizacional para resolver um problema com tantas partes potenciais. Enquanto conversa com eles durante seu trabalho, encoraje-os a pensar sobre como registrá-lo e como o cartaz pode ser uma ferramenta útil.
- **Os alunos estão pensando em termos de ano letivo ou ano do calendário?** Os alunos podem precisar ter acesso a um calendário escolar para ajudá-los a refletir sobre a diferença e a saber a duração real do ano letivo em seu distrito.
- **Os alunos estão prestando atenção e questionando o trabalho dos outros na discussão?** Eles devem ativamente compreender as diferentes formas como os outros colegas chegaram às suas estimativas e fazer perguntas. Devem apontar partes da estratégia que não são convincentes e sugerir coisas que os grupos poderiam fazer para reforçar suas estimativas.

Reflita

Como você decidiu quais operações usar para resolver este problema?

REFERÊNCIA

COCKCROF, W. H. *Mathematics counts*: report of inquiry into the teaching of mathematics in schools. London: Her Majesty's Stationery Office, 1982.

O QUE É UM DECIMAL?

Trabalhar com números menores que 1 é mais difícil para os alunos do que com números maiores que 1. Existem algumas razões para isso, sendo uma delas o fato de que números maiores que 1 são uma parte natural e recorrente da sua vida diária, ao passo que utilizam números menores que 1 com pouca frequência. No projeto Estratégias e Erros na Matemática do Ensino Secundário, quando os alunos foram solicitados a dividir o número 16 por 20, a impressionante quantia de 51% daqueles com 12 anos, 47% de 13 anos, 43% de 14 anos e 23% de 15 anos escolheram a resposta: "Não existe um número" (KERSLAKE, 1986, p. 4). Isso indica a necessidade de os alunos usarem os decimais mais regularmente do que o fazem agora, e usá-los como uma parte natural de outros trabalhos (em vez de apenas em unidades de aprendizagem sobre decimais).

Um conceito essencial na aprendizagem dos decimais é que as relações à esquerda do ponto decimal se mantêm à direita do ponto decimal. Assim como avançar de 10 para 100 e para 1.000 à esquerda do ponto decimal significa que o número cada vez está ficando 10 vezes maior, também avançar de um décimo para um centésimo para um milésimo à direita do ponto decimal significa que o número cada vez está ficando 10 vezes menor. Difícil para muitos alunos é o fato de que à esquerda do ponto decimal, 2 é menos do que 16, mas à direita, 0,2 é mais do que 0,16. É importante que o professor saiba de antemão que os alunos têm dificuldade com essa ideia e, assim, ofereça a eles muitas oportunidades para trabalhar com isso. Esse conceito é central para as atividades Brinque e Investigue nesta Ideia fundamental.

Apresentamos o conjunto de três atividades da Ideia fundamental 9 com uma necessidade por decimais. Sabemos que é importante que os alunos vejam os números como parte natural do seu mundo – e, é claro, que pensem visualmente sobre eles. Solicitar que pensem visualmente sobre uma situação que pode ser real para eles proporciona uma experiência proveitosa. Você poderá alterar o contexto ou trazer exemplos reais da unidade na atividade – pulseiras da amizade – para que eles vejam e sintam. Como você divide um número que é menor que 1? Recomendamos usar blocos de base 10 e fazer com que os alunos desenhem provas visuais. Enquanto trabalham com objetos físicos, desenham e usam os números, eles estarão usando diferentes caminhos cerebrais e criando conexões entre esses caminhos, que é um processo que aumenta a compreensão e o êxito.

Em nossa atividade **Brinque**, denominada Decimais em uma reta, os alunos jogam um jogo divertido em duplas, com o objetivo de marcar dois números em sequência em uma linha numérica. Eles se revezam escolhendo dois números para formar decimais e colocando-os em uma reta numérica, e tentam interromper o outro obtendo quatro em sequência. Em nossos ensaios dessa atividade, os alunos gostaram muito do jogo e tiveram discussões importantes que os ajudaram na compreensão dos decimais. Ela também integra frações com decimais quando inicia com uma "conversa numérica" em fração, e os alunos escrevem seus números como frações e decimais, o que os ajudará a aprofundar sua compreensão de ambos.

Em nossa atividade **Investigue**, os alunos recebem a tarefa de encontrar todos os números de 1 a 20 usando apenas os números 1,25, 1,5, 2 e 4. Deliberadamente escolhemos 1,25 e 1,5 para que os alunos tivessem a oportunidade de ver que 1,25 é menor do que 1,5, corrigindo uma falsa concepção comum. Essa é uma atividade criativa porque eles podem combinar os números de qualquer maneira, usando qualquer operação. Descobrimos que ficam entusiasmados em aprender sobre operação fatorial, particularmente quando isso desbloqueia alguns números que vinham procurando. Sabe-se que é mais efetivo ensinar o conteúdo depois que os alunos encontram uma necessidade para o mesmo, em vez de antes de trabalharem em uma atividade. Se eles tiverem a oportunidade de tentar resolver alguma coisa e encontrarem dificuldade, seus cérebros irão experimentar crescimento e, depois, quando aprenderem o novo conteúdo que irá ajudá-los a seguir adiante, suas mentes estarão receptivas a esse conteúdo, já que conseguem ver uma necessidade. Essa investigação será estimulante, já que têm liberdade para criar seus próprios números da forma que escolherem, ao mesmo tempo em que trabalham com decimais.

Jo Boaler

ENCONTRANDO O MELHOR NEGÓCIO

Visão geral

Os alunos começam sua exploração dos decimais construindo provas visuais para determinar qual loja oferecem o melhor negócio para comprar pulseiras da amizade e usam seu conhecimento do dinheiro para respaldar seu pensamento sobre números decimais.

Conexão com a BNCC*

EF04MA02, EF04MA08, EF04MA09, EF04MA10

Planejamento

Atividade	Tempo	Descrição/Estímulo	Materiais
Abertura	10 min	Os alunos produzem maneiras visuais de representar o significado de R$1,50. Baseiam-se nesses exemplos para refletir sobre como podem criar uma prova visual para o desafio de hoje relativo a encontrar o melhor negócio em pulseiras da amizade.	• Cartolinas e canetinhas. • Tarefa para exibir.
Explore	30 min	Os alunos trabalham em pequenos grupos para determinar qual é o melhor negócio em pulseiras da amizade se você precisar comprar 20 delas: 4 por R$5,00 ou 10 por R$13,00. Cada grupo constrói uma prova visual da sua solução usando desenhos, blocos de base 10** ou dinheiro.	• Folhas de registro para Encontrando o melhor negócio, uma por aluno ou grupo, ou cartolinas e canetinhas para cada grupo. • Blocos de base 10 (planos, longos e cubos). • Dinheiro falso (reais e moedas). • Opcional: papel milimetrado ou papel gráfico (ver o Apêndice).
Discuta	15-20 min	Os grupos apresentam suas soluções e as provas visuais. A classe critica o raciocínio de cada grupo e a qualidade da sua prova visual e determina quais tipos de representações de decimais oferecem a maior clareza e precisão.	Trabalho dos alunos.

*N. de R.T.: No original, conexão com o CCSS: 4.NF.6. – Usar notação decimal para frações com denominadores 10 ou 100. Por exemplo, reescrever 0,62 como 62/100; descrever um comprimento como 0,62 metros; localizar 0,62 em uma reta numérica; 4.NF.7 – Comparar dois decimais com centésimos refletindo sobre o seu tamanho. Reconhecer que comparações são válidas apenas quando os dois decimais se referem ao mesmo inteiro. Registar os resultados da comparação com os símbolos >, =, <, e justificar suas conclusões, por exemplo, utilizando um modelo visual; 4.OA.3 – Resolver situações-problema com vários passos com números inteiros e que tenham números inteiros como respostas, utilizando as quatro operações, incluindo problemas nos quais sobras precisam ser interpretadas. Representar esses problemas utilizando equações com uma letra no lugar de uma quantidade desconhecida. Avaliar a razoabilidade de respostas utilizando cálculo mental e estratégias de estimação, incluindo o arredondamento.
**N. de R. T.: Blocos do material dourado.

Para o professor

Os blocos de base 10 são ferramentas úteis para modelar o trabalho com decimais, particularmente quando redefinimos qual deles representa um inteiro. Ao trabalhar com decimais por meio dos centésimos, o bloco plano (100) pode se tornar o inteiro, de modo que o longo (10) irá então representar 1/10 e o cubo (1), 1/100 (ver a Fig. 9.1). Os alunos podem ter dificuldade para reimaginar usando essas ferramentas dessa maneira caso nunca tenham se deparado com a necessidade de pensar flexivelmente sobre o que os blocos podem representar. Para apoiar o uso desse recurso manipulativo, você poderá precisar encorajá-los a considerar o que representaria 1 real e depois o que representaria 1 centavo. Papel milimetrado ou papel de gráfico (ver o Apêndice) podem apoiá-los no registro do trabalho que fizeram com esses blocos, devendo ser uma ferramenta opcional.

A discussão no final da atividade de hoje se concentra fortemente no uso da crítica. Caso seus alunos não tenham tido experiência com esse processo, esta é uma boa oportunidade para introduzir as formas pelas quais os matemáticos discutem as ideias uns dos outros. É importante que o diálogo foque em ideias, não em pessoas, e que os alunos evitem linguagem crítica sobre o quanto alguma coisa é boa ou ruim. Em vez disso, você irá encorajá-los a serem precisos acerca das características do trabalho ou raciocínio que consideram claro ou pouco claro, convincente ou não convincente e importante, e por quê. Isso permite que todos aprendam a criar representações mais claras, mais convincentes e mais precisas no futuro, e este deve ser o teor do discurso.

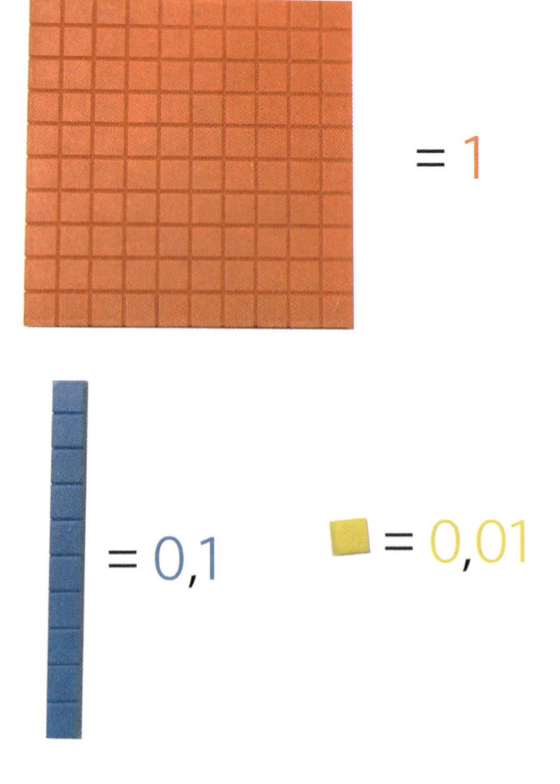

Figura 9.1

ATIVIDADE

Abertura

Inicie esta atividade lembrando aos alunos de situações em sua comunidade em que eles costumam ver preços – talvez na mercearia ou na cantina da escola, em placas no posto de gasolina ou em propagandas. Em geral, quando vemos preços, eles se parecem com algo como "R$1,50". Escreva esse valor em na lousa. Que figuras poderíamos desenhar ou que objetos poderíamos usar para mostrar o que R$1,50 significa? Peça que eles conversem com um colega sobre as maneiras como poderíamos mostrar o que R$1,50 significa. Dê alguns minutos para conversarem e depois colha suas ideias, representando-as na lousa. Os alunos provavelmente terão ideais que incluem o uso de notas e moedas e o desenho de alguma forma por inteiro e alguma forma pela metade. Você pode perguntar especificamente como eles poderiam usar blocos de base 10 ou outros materiais manipulativos para mostrar o que R$1,50 significa. Reúna todas as representações visuais que os alunos conseguirem gerar em um gráfico.

Diga-lhes que hoje irão trabalhar em um desafio que envolve dinheiro, e querem criar uma prova visual das respostas. Isso significa usar objetos ou figuras como fizemos nesse gráfico para mostrar o que encontramos de modo que os outros possam compreender. Compartilhe o desafio com os alunos, seja projetando a folha de registro para Encontrando o melhor negócio ou escrevendo a tarefa em um cartaz. Solicite que criem uma prova visual que mostre por que uma loja tem um preço melhor do que a outra. Indique os recursos disponíveis, incluindo blocos de base 10 e dinheiro falso. É importante conectar a representações visuais com as sentenças numéricas. Isso é especialmente útil quando você utiliza codificação por cores.

Explore

Os alunos trabalham em pequenos grupos para criar uma prova visual da sua solução para o problema a seguir.

Você está interessado em qual loja está oferecendo um melhor negócio para comprar pulseiras da amizade. Uma delas está vendendo-as com uma etiqueta que diz: "4 por R$5,00". A outra tem uma placa acima delas que diz: "10 por R$13,00". Qual delas está oferecendo o melhor preço por uma pulseira da amizade se você precisar comprar 20 delas?

Os alunos podem registrar suas provas na folha de registro Encontrando o melhor negócio ou em papel gráfico. Se eles usarem materiais manipulativos, encoraje-os a desenhar o que fizeram para que tenham um registro do seu raciocínio.

Discuta

Reúna os alunos para discutir suas provas visuais do melhor negócio. Convide-os a compartilhar as diferentes respostas e, mais especificamente, as diferentes maneiras de representar suas evidências de modo visual. Enquanto os grupos compartilham, peça àqueles que estão ouvindo para fazerem a si mesmos as perguntas a seguir.

- O raciocínio do grupo é convincente?
- A prova visual é convincente? Por quê? Por que não?

Depois que cada grupo compartilhou, peça que o restante da classe critique o raciocínio e a prova visual do grupo. Estimule os alunos a não avaliarem o quanto o trabalho é bom, mas, em vez disso, a focarem nas qualidades ou conexões específicas que são convincentes ou que provocam questionamentos no ouvinte. Durante essas curtas discussões, a precisão é importante, e esta é uma oportunidade valiosa de chamar atenção para o uso que eles fazem da linguagem, para a formulação das perguntas e para as características do trabalho claro e convincente.

Enquanto estão compartilhando, chame a atenção especificamente para como eles fazem a divisão dos reais inteiros em centavos. Esta é uma oportunidade para apresentar alguma linguagem decimal – em particular, que cada centavo é um centésimo de real. Os alunos também irão comparar intuitivamente centésimos com milésimos, uma consideração importante para fazer comparações no futuro. Ou seja, é improvável que os alunos pensem no valor unitário de 10 pulseiras da amizade por R$ 13,00 como R$1,3; em vez disso, eles naturalmente irão rotular como R$ 1,30, o que torna muito mais fácil a sua comparação com R$ 1,25. Quando os alunos fazem esse salto de décimos para centésimos, pergunte-lhes por que isso faz sentido, e foque sua atenção na ideia de que eles estão comparando unidades semelhantes (centavos com centavos, em vez de décimos com centavos).

Por fim, encerre a discussão perguntando quais dos modelos visuais foram mais úteis para trabalhar e comparar decimais. Destaque por que alguns modelos (blocos de base 10 ou dinheiro) oferecem maior precisão do que outros.

Procure

- **Os alunos estão pensando sobre o preço de uma pulseira da amizade?** O objetivo desta atividade é empregar o conhecimento que os alunos têm do dinheiro para pensar nos números decimais. Existem outras estratégias de raciocínio válidas, incluindo o escalonamento. No entanto, neste caso, você terá que encorajá-los a buscar um valor unitário. Você pode solicitar que pensem em quanto custa uma pulseira em cada loja e como poderiam provar isso.
- **Como os alunos estão tentando encontrar o preço da unidade?** Tome nota das diferentes estratégias que estão usando, incluindo modelos com moedas, blocos de base 10 ou outras estratégias visuais. Alguns pensam primeiro em termos de números e só então tentam encontrar uma representação. Como estão pensando em formar quantidades iguais? Estão fazendo estimativas ou pensando com precisão? Os valores neste problema são tão próximos que será necessário precisão para provar qual é o melhor negócio. Estimule o raciocínio e encoraje a precisão para que possam convencer os outros do seu pensamento. Seus modelos visuais devem ter tanta precisão quanto seu pensamento. Blocos de base 10 e papel de gráfico (ver o Apêndice) servirão de apoio para que os alunos sejam precisos.

Reflita

Que modelo ou modelos você acha mais úteis para representar decimais? Por quê?

ENCONTRANDO O MELHOR NEGÓCIO

Você quer comprar 20 pulseiras da amizade para seus amigos.

Uma loja está vendendo com um cartaz que diz:	A loja ao lado tem um cartaz acima das suas pulseiras da amizade que diz:
4 pulseiras da amizade por R$ 5,00	**10 pulseiras da amizade por R$ 13,00**

Qual delas está oferecendo o melhor preço por 20 pulseiras da amizade? Crie uma prova visual para mostrar por que uma tem um preço melhor do que a outra. Apresente suas razões para justificar sua escolha.

DECIMAIS EM UMA RETA

Visão geral

A atividade Decimais em uma reta dá aos alunos a chance de fazerem conexões entre números inteiros e a operação de divisão e de como os números decimais representam números localizados entre os números inteiros.

Conexão com a BNCC*

EF04MA09, EF04MA10, EF05MA03

Planejamento

Atividade	Tempo	Descrição/Estímulo	Materiais
Abertura	10 min	Trace uma reta numérica para os alunos. Marque de 0 a 5 e pergunte onde devem ser colocados os seguintes números: $\frac{1}{2}$, $\frac{3}{2}$, $\frac{4}{2}$. Faça isso como uma conversa numérica e registre todas as respostas.	Reta numérica desenhada no quadro.
Brinque	30 min	Os alunos jogam Decimais em uma reta em duplas. Cada jogador tem a sua vez de escolher dois números a partir de um dado conjunto e marcam seu quociente na reta numérica. Cada um usa uma cor para registrar seus quocientes. O vencedor será o primeiro a colocar quatro números em sequência com a sua cor na reta numérica. Cada jogador deve usar uma calculadora para determinar o quociente.	• Calculadora. • Tabuleiro do jogo Decimais em uma reta. • Duas canetas de cores diferentes.
Discuta	15 min	Em grupo, discuta as estratégias que os alunos desenvolveram para escolher os números para ajudá-los a vencer o jogo.	

Para o professor

Decimais em uma reta é um jogo no qual os alunos dividem dois números para obter um quociente que irão colocar em uma reta numérica. O objetivo é que os alunos entendam que existem números decimais entre os números inteiros. Os alunos devem jogar usando uma calculadora para que o foco seja na localização dos números decimais na reta numérica. Muitos dos números que escolhemos para o jogo resultam em respostas de número inteiro e números decimais até os décimos e centésimos. Poucos cálculos resultarão em quocientes que têm valores em milhares e dezenas de milhares.

*N. de R.T.: No original, conexão com o CCSS: 4.NF.3 – Compreender a fração a/b onde a>1 como a soma de frações 1/b; 4.NF.6 e 4.NF.7 (ver nota na página 191).

ATIVIDADE

Abertura

Faça uma reta numérica para a classe mostrando os números inteiros 0, 1, 2, 3, 4 e 5. No estilo conversa numérica, pergunte aos alunos onde eles colocariam o número $\frac{1}{2}$. Colha as ideias e discuta com toda a classe qual posição faz sentido para $\frac{1}{2}$ na reta numérica. Caso os alunos tenham ideias conflitantes ou apresentem ideias sem precisão, como, por exemplo, dizendo "entre 0 e 1", investigue como estão pensando e pergunte aos demais o que acham. Apoie a classe para que cheguem a um acordo. Depois, pergunte onde colocariam $\frac{3}{2}$. Dê-lhes tempo para conversarem com um colega sobre onde colocariam $\frac{3}{2}$ e por quê. Registre todas as localizações que compartilham e discuta qual delas faz mais sentido. Nessas discussões, destaque o uso da equivalência para raciocinarem sobre onde a fração é colocada. Por exemplo, se o raciocínio é que $\frac{3}{2}$ é o mesmo que $1\frac{1}{2}$, eles estão usando uma forma equivalente do número que é mais útil quando tentam colocá-lo na reta numérica.

Diga aos alunos que, no jogo de hoje, usarão equivalência com decimais para pensar sobre onde posicionar as frações na reta numérica. Você pode perguntar se conhecem os equivalentes decimais de $\frac{1}{2}$ e $\frac{3}{2}$ e acrescentar esses rótulos à sua reta numérica para chamar atenção para a equivalência. Compartilhe as orientações para o jogo, exemplificando como usar o tabuleiro e registrar o trabalho em cada rodada.

Brinque

Os alunos jogam em duplas com o tabuleiro Decimais em uma reta. Os jogadores decidem quem será o primeiro.

Orientações para o jogo

- O jogador A escolhe 2 números do grupo 1, 2, 4, 5, 8, 10, 16, 20, 24 e 25. Os jogadores não podem escolher o mesmo número duas vezes na sua vez. Por exemplo, eles não podem escolher 10 e 10.
- O jogador A forma uma fração a partir dos dois números e os registra na tabela no tabuleiro do jogo.
- O jogador A transforma a fração em um número decimal, registra o número decimal na tabela e registra o número no tabuleiro do jogo na sua cor escolhida para registro.
- O jogador B tem a sua vez, escolhendo dois números, formando uma fração, registrando a fração na tabela e calculando o equivalente decimal. A seguir, o jogador B registra o número decimal na tabela e o coloca na reta numérica.
- O objetivo é que um jogador obtenha quatro números consecutivos na reta numérica na sua cor.
- Se um jogador fizer um número decimal que já tenha sido registrado ou que não seja possível colocar na reta numérica porque a reta vai somente até 5, ele perde a sua vez. A fração que ele fez e o decimal calculado devem ser registrados na tabela para que os jogadores tenham um registro de todas as frações que criaram.

Os alunos podem jogar muitas rodadas deste jogo, e precisarão de um novo tabuleiro para cada rodada.

Discuta

Reúna os alunos para discutir as questões a seguir.

- Que estratégias os ajudaram a escolher os números para formar uma fração?
- Você precisou de calculadora o tempo todo? Quando ela o ajudou? Quando você decidiu que não precisava dela?
- Que estratégias você usou para colocar os números decimais na reta numérica?

Auxilie os alunos a discutirem as diferentes decisões que estavam tomando e, especialmente, como estavam pensando sobre as diferentes formas dos números. Eles podem ter sido desafiados a colocar o número decimal na reta numérica e acharam mais fácil o uso da representação em forma de fração. O objetivo é que percebam que ambas as representações são equivalentes.

Procure

- **Os alunos são capazes de encontrar o valor decimal usando a calculadora?** Se não tiverem muita experiência com calculadoras, poderão precisar de apoio no uso das teclas e na leitura do mostrador.
- **Os alunos percebem seus erros caso invertam a ordem dos números quando usam a calculadora?** Por exemplo, se encontram $\frac{1}{5}$ como um decimal, mas chegam ao resultado de 5 na calculadora, eles percebem o engano? Encoraje-os a raciocinar sobre onde esperam que a fração se encaixe na reta numérica antes de entrar com os números na calculadora. É menos ou mais do que 1? Que números inteiros você espera que se encaixem no meio? Por quê? A previsão e o raciocínio sobre frações e divisão ajudarão os alunos a perceber erros como inversões e a fazerem conexões entre frações, divisão e decimais.
- **Os alunos usam todos os números que são possíveis, ou escolhem apenas aqueles com os quais se sentem confortáveis?** Os alunos provavelmente começarão com números familiares, mas, à medida que avançam no jogo, provavelmente será necessária a escolha de valores menos familiares para vencer. Estimule-os a pensar sobre os pontos na reta numérica que seriam úteis marcar, e que perguntem a si mesmos: "que números me deixariam mais próximo?".
- **Como os alunos determinam onde colocar os números na reta numérica?** Eles se sentem confortáveis em dividir a reta numérica em segmentos iguais entre os números inteiros? Eles entendem como comparar números com décimos e centésimos? Baseie-se no conhecimento que eles têm de dinheiro e nos modelos que usaram na atividade Visualize para ajudá-los a raciocinar sobre a relação entre os diferentes valores decimais. Faça perguntas sondando todos eles sobre como sabem onde colocar os decimais na reta numérica. Use áreas de confusão ou de discordância persistente como pontos para chamar a atenção na discussão.

Reflita

Qual é maior, 0,4 ou 0,12? Apresente uma figura ou um argumento para justificar sua resposta.

DECIMAIS EM UMA RETA

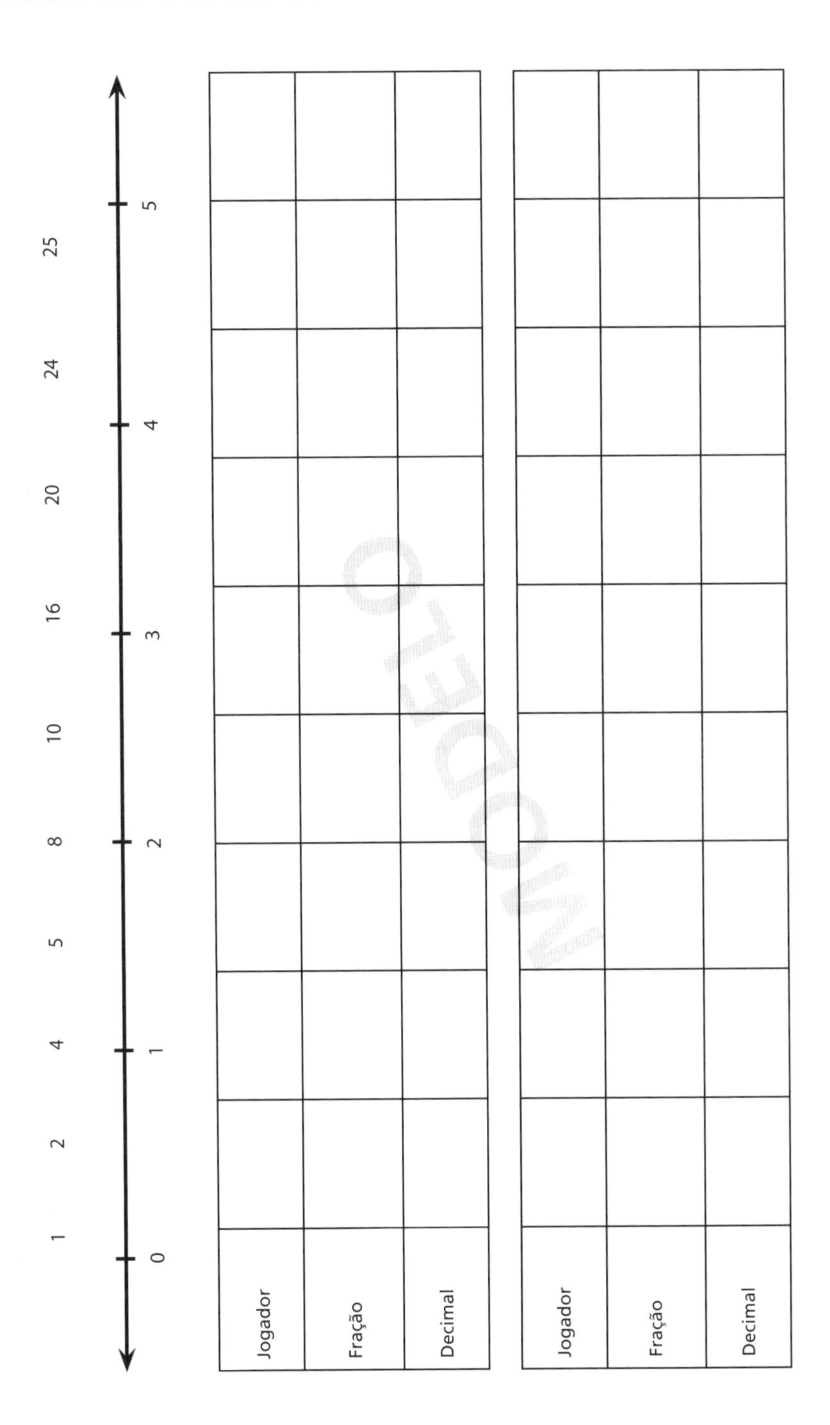

VOCÊ CONSEGUE FAZER?

Visão geral

Esta investigação abre caminho para pensar sobre como os números decimais se encaixam para formar números inteiros. Os alunos investigam como escrever sentenças numéricas para encontrar os valores de 1 a 20 usando números inteiros e decimais.

Conexão com a BNCC*

EF04MA08, EF04MA09, EF04MA10, EF05MA02

Planejamento

Atividade	Tempo	Descrição/Estímulo	Materiais
Abertura	10 min	Escreva os números de 1 a 20 no quadro ou em um cartaz e peça que os alunos considerem como poderiam escrever sentenças numéricas para eles. Apresente as restrições da investigação e certifique-se de que estão claras.	Opcional: cartolinas e canetinhas.
Explore	30+ min	Os alunos usam exatamente quatro números do conjunto de 1,25, 1,5, 2 e 4 para criar sentenças numéricas para cada valor de 1 a 20. Os alunos registram provas visuais para cada sentença numérica que criam.	Deixe à disposição: blocos de base 10, dinheiro falso, lápis de cor e retas numéricas.
Discuta	15+ min	Discuta os resultados dos alunos, incluindo suas sentenças numéricas e suas provas visuais. Solicite que revisem as sentenças numéricas para ver se têm alguma pergunta ou se querem ser um cético. Reflita sobre quais ferramentas foram úteis e quais valores foram os mais desafiadores de encontrar.	Cartaz da classe ou espaço de registro para as sentenças numéricas e evidências dos alunos.

Para o professor

Esta investigação abre caminho para operar com decimais. Não se espera proficiência com operações decimais no 4º ano; entretanto, parte da compreensão dos números decimais é pensar sobre como eles se encaixam para formar inteiros. Nesta investigação, os alunos são convidados a explorar como números decimais de referência podem ser usados para criar números inteiros. Escolhemos os números 1,25 e 1,5 como lugares para os alunos começarem a desenvolver a intuição em torno das operações decimais porque estes estão relacionados com os equivalentes decimais de $\frac{1}{4}$ e $\frac{1}{2}$, e são valores com os quais os alunos provavelmente terão experiência no contexto do dinheiro. Recomendamos que você enfatize o raciocínio sobre esses números e exemplifique com figuras, retas numéricas, dinheiro e blocos de base 10 como pontos de partida para entender as operações decimais.

Dependendo de quanto tempo sua classe deseja gastar na exploração deste desafio, esta in-

*N. de R.T.: No original, conexão com o CCSS: 4.NF.6 e 4.NF.7 (ver nota na página 191).

vestigação pode ser estendida por dois ou mais dias. Ela pode ser deixada em exposição por um período de tempo estendido para que todos os alunos possam continuar encontrando diferentes maneiras de calcular cada número.

ATIVIDADE

Abertura

Escreva os números de 1 a 20 no quadro ou em cartaz. Diga aos alunos que, na investigação de hoje, irão experimentar a escrita de diferentes sentenças numéricas com cada um dos números de 1 a 20 como respostas. Você pode solicitar que conversem com um colega sobre quais sentenças numéricas já podem escrever que tenham essas respostas. Eles provavelmente pensarão rapidamente em uma sentença numérica para alguns desses números. Nesta investigação, diga que o desafio é que suas sentenças numéricas devem sempre usar quatro números. E eles devem escolhê-los da lista a seguir: 1,25, 1,5, 2 e 4. Certifique-se de registrar esses números no quadro ou gráfico. Os alunos podem usar qualquer um deles mais de uma vez e podem usar qualquer operação que escolherem. Por exemplo, podem usar conjuntos de números como 4, 4, 1,5 e 2. Devem apresentar uma prova visual para cada uma das suas sentenças numéricas. Compartilhe os recursos manipulativos que você disponibilizará para respaldar seu pensamento.

Explore

Forneça uma variedade de materiais manipulativos para representar e trabalhar com os decimais, incluindo dinheiro falso e blocos de base 10. Cada aluno trabalha em sua própria folha para criar sentenças numéricas e provas visuais de como usar os números 1,25, 1,5, 2 e 4 para cada resposta de 1 a 20. Eles podem usar qualquer um deles mais de uma vez, mas podem usar somente quatro números em uma sentença numérica. Eles registram seu trabalho em sua própria folha para que possam ter espaço adequado para construir provas visuais para cada sentença numérica. As provas visuais podem incluir retas numéricas, dinheiro, blocos de base 10, modelos de área ou algum outro modelo inventado pelo aluno. Veja a Figura 9.2 como exemplo de uma prova visual.

Mesmo que cada aluno trabalhe em sua própria folha, encoraje-os a conversar entre si, compartilhar seus modelos, examinar as evidências visais de cada um e fazer perguntas.

Discuta

Reúna os alunos com suas provas visuais e discuta seus resultados. Exiba suas evidências visuais juntamente com suas sentenças numéricas para cada valor de 1 a 20. Pergunte sobre as estratégias que usaram para encontrá-los. Se houver muitas maneiras de gerar alguns dos números, solicite que comparem os métodos que foram usados. Os alunos podem ver erros. Este é um bom momento para pedir que sejam céticos. Depois que você registrou as evidências e que eles tenham chegado a um acordo sobre as sentenças numéricas, discuta as questões a seguir.

- Vocês usaram alguns números mais vezes do que outros? Por quê?
- Qual é o número que foi menos usado? Por quê?
- Que respostas foram mais difíceis de encontrar?
- Que operações foram mais usadas? E menos usadas?
- Há valores que ainda estão faltando? Vocês acham que eles são possíveis? Por quê? Por que não?

Se houver valores para os quais ninguém encontrou uma sentença numérica, você poderá mandar os alunos de volta ao trabalho para encontrar sentenças numéricas que representem os valores que faltam.

Exemplos de sentenças numéricas e suas provas visuais.

$$1{,}5 + 1{,}5 + 1{,}5 + 1{,}5 =$$
$$3 + 3 =$$
$$6$$

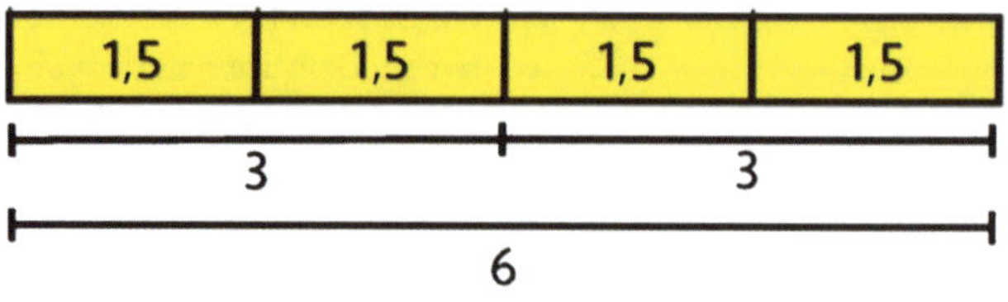

$$1{,}25 \times 4 + 2 \times 1{,}5 =$$
$$5 + 3 =$$
$$8$$

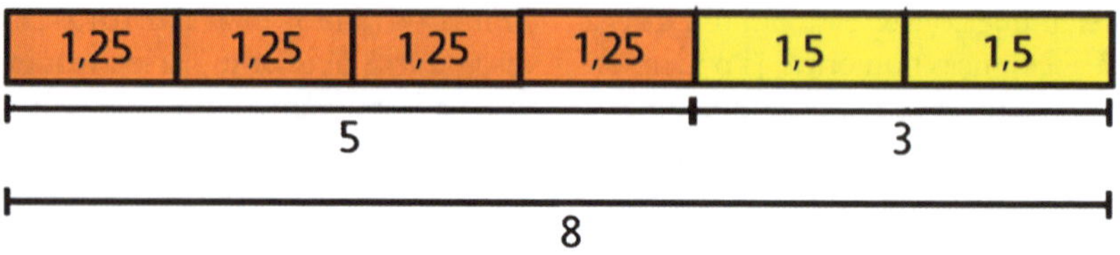

Figura 9.2

Procure

- **Os alunos estão usando seus números decimais flexível e frequentemente?** Alguns alunos podem iniciar sua investigação focando nos dois números inteiros mais familiares; no entanto, ficarão limitados nas soluções que podem encontrar se não incluírem os valores decimais. Encoraje-os a pensar em como poderiam usar os valores decimais para chegar a uma resposta de número inteiro.
- **Os alunos estão usando múltiplas operações ou estão usando algumas poucas para todos as suas sequências de números?** Eles podem começar pensando na adição como uma forma de construir números inteiros a partir de decimais. Este é um ponto de partida útil. Depois que eles tiverem esgotado as possibilidades de adição, encoraje-os a pensar sobre como a subtração e multiplicação, em particular, podem ajudá-los a construir números inteiros a partir de decimais.
- **Os alunos estão conectando decimais a frações?** Os alunos devem aumentar sua compreensão de $\frac{1}{4}$ e $\frac{1}{2}$ para ajudá-los a pensar sobre como usar 1,25 e 1,5 para formar números inteiros. Você pode solicitar que aqueles que estão tendo dificuldades com o uso de números decimais conversem sobre o que esses números representam. Em geral, fazer com que os nomeiem como "um e um quarto" e "um e meio" ajuda a verem como eles poderiam ser usados como fundamento.
- **Que métodos os alunos estão escolhendo para explorar e provar suas respostas?** Modelos que envolvem dinheiro, retas numéricas, diagramas e blocos de base 10 podem ser usados como evidência pa-

ra comprovação e como ferramentas para solução. Encoraje os alunos a pensar sobre que modelos podem ajudá-los a entender a operação com decimais. Tenha em mente que a expectativa não é a proficiência com as operações decimais. Em vez disso, o objetivo é que eles desenvolvam alguma intuição, baseada em representações visuais e recursos manipulativos que fazem sentido para eles. Faça perguntas de sondagem sobre como seus modelos fazem (ou poderiam fazer) sentido.

Reflita

Que número foi mais desafiador para você encontrar? Que estratégias você usou para encontrá-lo?

REFERÊNCIA

KERSLAKE, D. *Fractions*: children's strategies and errors. A report of the strategies and errors in Secondary Mathematics Project. Windsor: NFER-Nelson, 1986.

APÊNDICE

PAPEL PONTILHADO MILIMETRADO

PAPEL PONTILHADO ISOMÉTRICO

PAPEL GRÁFICO QUADRICULADO

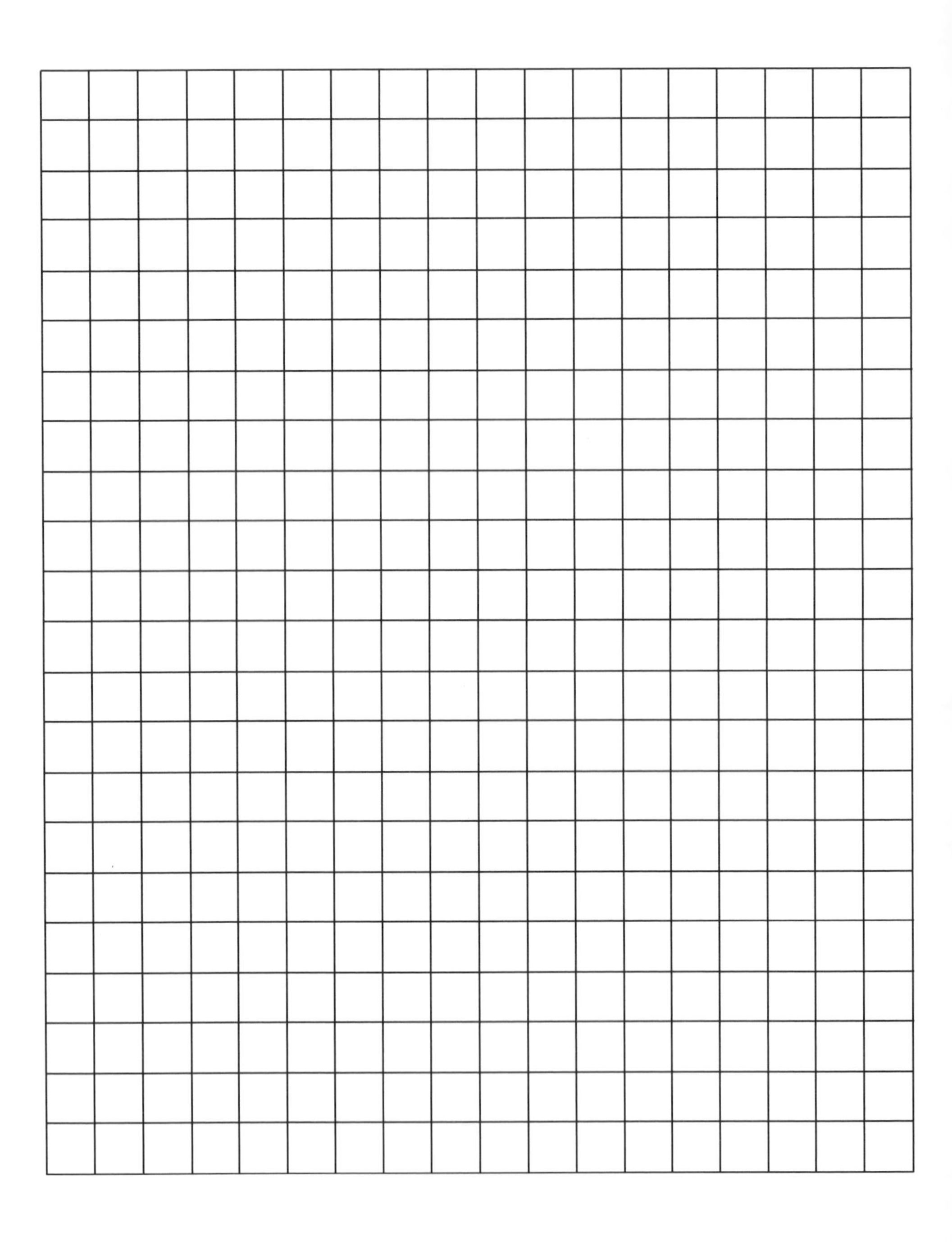

PAPEL PONTILHADO 1/4"

PAPEL GRÁFICO QUADRICULADO 1/4"

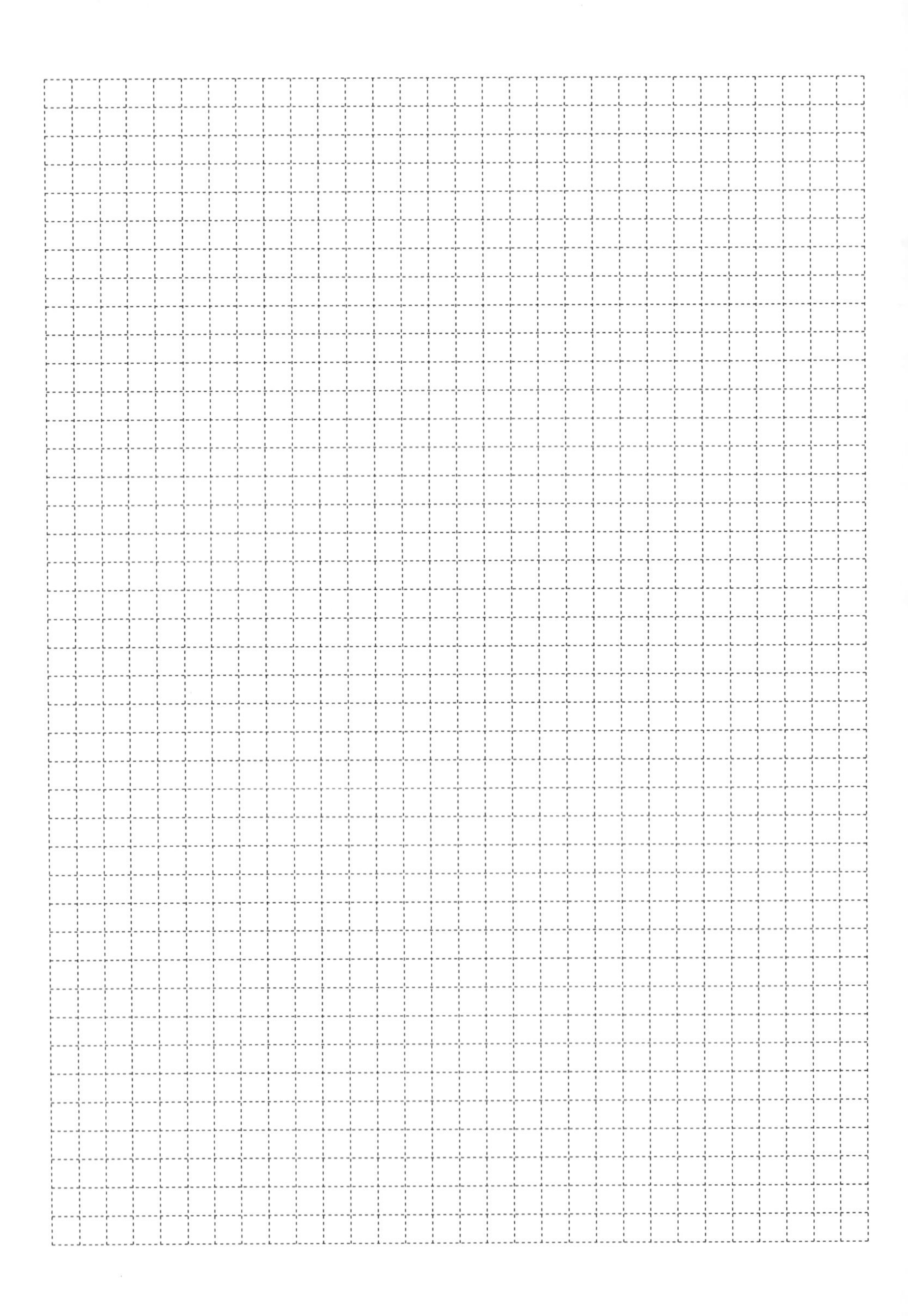

TABELA DE MULTIPLICAÇÃO

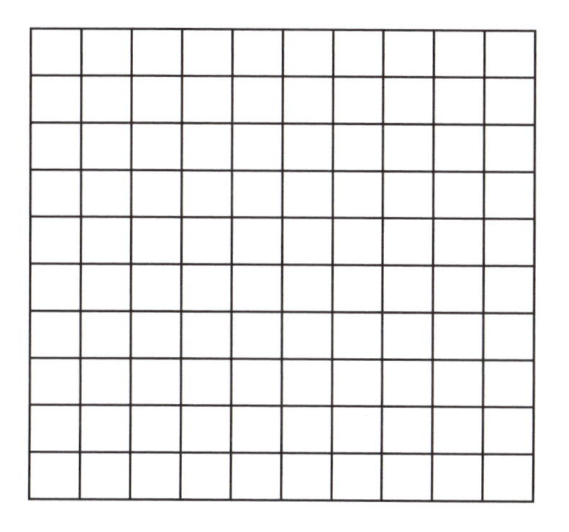

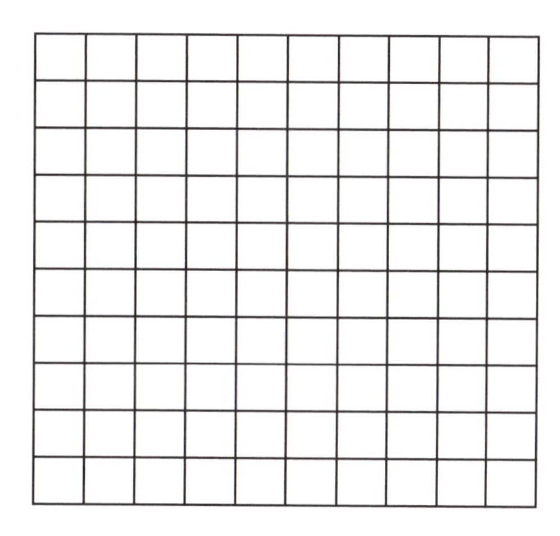

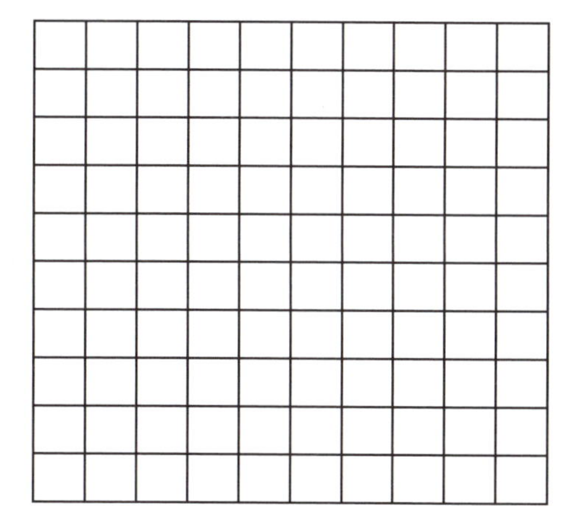

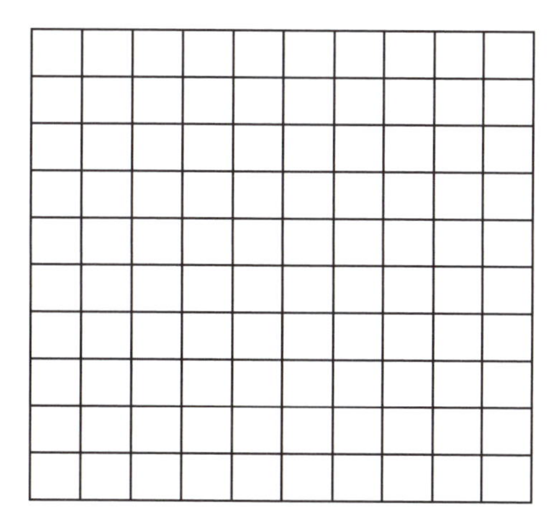

ÍNDICE

B

E

F

Q

R

S